U0229493

陪 伴 女 性 终 身 成 长

护肤真相

[日] 友利新 著

吴梦迪 译

中国纺织出版社有限公司

读者须知：医学是随着科学技术的进步与临床经验的积累不断发展的。本书中所讲述的知识与所给建议均是作者结合自己的专业知识和多年经验谨慎提出的，但图书不能替代医疗咨询。因本书相关内容可能造成的直接或间接不良影响，作者和出版方均不予担责。

SAISHIN BIHADA JITEN
© Arata Tomori 2021
First published in Japan in 2021 by KADOKAWA CORPORATION, Tokyo.
Simplified Chinese translation rights arranged with KADOKAWA CORPORATION, Tokyo through FORTUNA Co., Ltd.
经授权，北京快读文化传媒有限公司拥有本书的中文简体字版权

著作权合同登记号：图字：01-2024-3514

图书在版编目（CIP）数据

护肤真相 / （日）友利新著；吴梦迪译. -- 北京：中国纺织出版社有限公司，2024. 11. -- ISBN 978-7-5229-2139-6

Ⅰ. TS974.1

中国国家版本馆 CIP 数据核字第 2024PP4623 号

责任编辑：范红梅　　责任校对：王花妮　　责任印制：王艳丽

中国纺织出版社有限公司出版发行
地址：北京市朝阳区百子湾东里A407号楼　邮政编码：100124
销售电话：010—67004422　传真：010—87155801
http://www.c-textilep.com
中国纺织出版社天猫旗舰店
官方微博 http://weibo.com/2119887771
天津联城印刷有限公司印刷　各地新华书店经销
2024年11月第1版第1次印刷
开本：880×1230　1/32　印张：8.5
字数：152千字　定价：65.00元

凡购本书，如有缺页、倒页、脱页，由本社图书营销中心调换

前言

大家好，我叫友利新，是一名内科、皮肤科医生。

我在医院或做其他美容相关的工作时，总会听到来面诊的患者提到"每天都在努力护肤，却怎么也无法变美""我有各种护肤品，但不知道该怎么使用才能改善皮肤状态"等烦恼。

我想告诉大家，如果皮肤一直处于粗糙的状态，那么无论你多么努力地护肤，都无法永久获得美丽。皮肤暗沉、色斑、皱纹会严重影响颜值，也就是说，想要彻底变美，护理出细腻嫩滑的皮肤才是首要任务。但是，近年来，我惊讶地发现即便是对美容很了解的人，也会被灌输错误的美容知识而"护错肤"。

在众多错误的美容知识中，尤其需要警惕的说法是"只要跟着皮肤好的人护肤，自己的皮肤也会变好"。

每个人的皮肤都是不一样的。除了天生的特质外，还受成长环境、生活习惯等因素影响。因此，一个人的护肤方法未必适合另一个人。

那么，该如何获得细腻嫩滑的皮肤呢？首先，你需要了解自己的皮肤特质。本书会介绍我使用多年的皮肤检测工具——脸部MAP。你可以将你的成长环境、现在的生活习惯以及脸上各部位的皮肤状态等填写进去，自测自己的肤质。

除此之外，我还会列出那些带有误导性的美容信息，比如"早上只需用清水洗脸即可""卸妆产品要根据肤质选择""用美颜滚轮按摩可以瘦脸"等，并介绍正确的护肤方法和有关皮肤的基础知识等。

打造完美皮肤的捷径是先掌握自己的皮肤状况！掌握了"脸部MAP"，以及正确的护肤知识后，你就能轻松选出真正适合自己的产品，打造出健康美丽的皮肤。

你皮肤的主治医师就是你自己。

希望你能通过本书获得正确的护肤知识，并运用这些知识，更好地开展日常护肤。

目录

美颜滚轮可以瘦脸、美白护理只需夏天做即可……

天哪！竟然会适得其反？

错误的美容知识

洁面、爽肤水、乳液……

护肤习惯至关重要！

令皮肤舒服的护肤顺序

第3章

皮肤的结构、表皮更新……

"完美的皮肤"和"有瑕疵的皮肤"差别在哪里?

需要了解的皮肤结构

第4章

保湿成分是什么？哪种美白成分比较好？
不再迷茫，找到最适合自己的护肤品！
美容成分的鉴定方法

痘痘、色斑、皱纹、松弛……

八大皮肤问题和每个季节的护理方法

第6章

后背的痘痘、发黑、汗毛……

护肤进阶之全身护理

饮食、睡眠、运动……

生活习惯、肠道环境会影响皮肤

序 章

你了解自己的
皮肤吗

现在，我们每天都能通过网络接触到各种各样的美容信息。但遗憾的是，其中错误的信息多到惊人。为了不被这些信息迷惑，找到真正适合自己的护肤方法，首先需要充分了解自己的皮肤。

　　经常有人问我"医生，您是怎么护肤的呢""该使用什么护肤品呢"，在此，我想明确指出，照搬别人的护肤方法并不可取，因为它未必适合你的皮肤。

　　因此，在回答大家的问题之前，我先问你一些问题：你有多了解自己的皮肤呢？是不是只是将肤质单纯地分为干皮和油皮？是否只通过年龄来判断皮肤状态，觉得自己三十多岁，皮肤变得容易暗沉或长色斑是理所当然的？

　　其实，我们不能仅凭年龄和肤质来判断皮肤的状态，因为虽然皮肤覆盖全身，但眼周和脸颊的皮肤厚度却是不一样的。

　　另外，脸部既有像颧骨那样向外突出的部位，也有像嘴的下方那样向内凹陷的部位，因此，每个部位的皮肤状态也不尽相同。

　　再者，即便是相同的年龄，人们居住的环境也会对皮肤产生影响。比如，有些人居住的地方日照时间较长，有些则较短，因此，紫外线对皮肤的伤害程度也会不同。

　　就像这样，除了年龄外，环境及遗传因素等都会对皮肤产生很大的影响。因此，"皮肤好的人的护肤方法=适合你的护肤方法"这种说法是错误的。

　　除了脸上各个部位的肤质不同外，皮肤状态也会随季节的变化而变化。要想获得细腻嫩滑的皮肤，就必须先仔细确认自己脸上各个部位的肤质以及当下的皮肤状态。为此，我推荐大家使用下一页开始介绍的"脸部MAP"，通过确认脸上各个部位的皮肤状态、皮肤问题、护肤方法以及平时的生活习惯等，明确自己现在的皮肤状态，从而轻松制订出适合自己的护肤方案。

　　接下来，以"脸部MAP"为参考来设计独属于你的护肤方法吧！

打造完美皮肤的捷径
就是"脸部MAP"

打造完美皮肤的终极方法！了解"脸部MAP"

正如前文所说，照搬皮肤好的人的护肤方法，未必能让你的皮肤也变好。原因很简单，每个人的皮肤状态都是不同的。就好比皮夹克和羊毛衫的洗涤、护理方法不同，皮肤状态不一样，护肤方法自然也不同。

而且，皮肤状态并不能简单地划分为干性皮肤、油性皮肤、混合性皮肤和敏感皮肤。它还受成长环境、生活习惯、年龄以及脸型等因素的影响。因此，皮肤的护理方法也是因人而异的。要想打造完美皮肤，重要的不是照搬别人的护肤方法，而是了解自己的肤质。

为此，请一定要学会使用"脸部MAP"。"脸部MAP"可以帮你整理出年龄、生活环境以及脸上各部位的皮肤状态、容易出现的皮肤问题等，从而让你能够轻松找到适合自己的护肤方法。现在就开始自测，掌握你自己的皮肤状态吧！

造成色斑和皮肤松弛的原因不只是年龄！

①季节、气温和湿度

季节、气温、湿度等的变化会对皮肤造成不同程度的影响。比如，与冬天相比，春天紫外线逐渐变强，皮肤不仅需要适应紫外线的变化，还容易受花粉、$PM_{2.5}$等的影响。尤其是近几年，受人类活动的影响，全球气温上升、湿度降低，空气变得干燥。这就导致了皮肤所面临的环境要比以前更加严苛。

②出生成长的地方、现在居住的地方

皮肤虽然有天生的特质，但同时也会受环境的影响。比如，在日照时间长、气温高的地区，皮肤更容易受到紫外线的伤害，变得干燥。相反，在阴雨较多的地区，皮肤受紫外线的伤害较少，且能保持滋润，所以这些地区的人皮肤大多水润白皙。因此，出生、成长和长期居住的环境也会影响皮肤的状态。

③父母的遗传

请回忆一下你母亲的皮肤是什么样子的，偏干？一晒太阳就立马变红？有很多雀斑？自己的皮肤是否也有相同的症状呢？遗传因素对皮肤的状态也有很大影响。除了遗传之外，一家人的饮食生活和生活习惯都比较相似，比如经常进行户外活动的家庭，家庭成员的皮肤大多都有容易晒伤的倾向。

运用"脸部MAP"
掌握自己的皮肤特质

　　首先，请观察一下脸部整体的皮肤状态。是否泛红？是否暗沉？轻按一下，看看回弹力如何。接着再检查一下"T区"的状态，是否出油？鼻翼是否干燥？进行局部护理时，皮肤较薄的眼周、容易干燥的嘴角的状态也是需要注意的部位。了解自己的皮肤状态有助于找到正确的护肤方法，选择适合自己的护肤品。

各个部位的皮肤状态是不同的

　　脸上各部位的皮肤状态是不同的。眼周和嘴角皮肤较薄、容易干燥，而额头和鼻子则皮脂腺较多，容易出油。因此，不要因为脸上某个部位容易干燥就断定自己是干性皮肤，你需要确认各部位的皮肤特质。换季时，容易出油的部位也可能会变得干燥。我建议大家每个季节都制作一张脸部MAP。

针对各个部位进行护肤

　　如果只看T区就觉得自己是油性皮肤，从而使用油分较少的护肤品，那么眼周和嘴角就会干燥起皮。想打造完美皮肤，就必须根据各部位的皮肤状态进行护肤。制作脸部MAP后，就可以根据不同部位的皮肤状态，进行针对性的护理。

打造完美皮肤不可或缺的
"脸部MAP"

T区

从额头到鼻子的区域，皮脂分泌较旺盛，容易出现黏腻、出油等问题。在有些季节也可能会变得干燥，因此应及时检查。

眼周

眼周皮肤较薄，易干燥、长皱纹。眼皮易松弛，眼下易长黑眼圈，眼角旁边易长色斑。因此眼部周围的皮肤必须要好好护理。

脸颊

脸颊的皮脂分泌较少，水分也较少，容易变得粗糙。颧骨一带容易受到紫外线伤害，形成色斑。

鼻周

鼻翼处皮脂分泌过剩，容易堆积角质，造成黑头和毛孔粗大。这个部位也容易受到紫外线的伤害。

嘴角

嘴角的皮脂腺较少，容易干燥、粗糙，也容易出现干纹、肌肉松弛问题，必须做好保湿工作。

下颌线

下颌线的皮肤容易松弛。和其他部位相比，更容易堆积污垢和角质，容易长痘。也会因为长时间戴口罩或摩擦而变得干燥。

困扰女性的八大皮肤问题

　　掌握各个部位的皮肤状态（干燥、出油等）后，再确认是否有皮肤问题。

　　现在就来检查一下自己是否有痘痘、毛孔、晒伤、色斑、黑眼圈、暗沉、松弛和皱纹这八大皮肤问题吧！

1 **痘痘**（详细内容请参考第148页）

痘痘问题容易恶化，需要引起重视。生活习惯紊乱、压力、错误的护肤方法引起的表皮新陈代谢减慢都可能导致长痘。

2 **毛孔**（详细内容请参考第156页）

毛孔问题可分为3种。第1种是皮脂分泌过剩引起的毛孔阻塞；第2种是因为保湿不充分，皮肤过干导致的毛孔粗大；第3种是皮肤弹性减退、松弛导致的毛孔明显。

3 **晒伤**（详细内容请参考第162页）

在紫外线的照射下，皮肤容易泛红、变粗糙。鼻子和脸颊上凸起的部位尤其需要注意。请做好充分的防紫外线措施。

4 **色斑**（详细内容请参考第172页）

除了紫外线，错误的洗脸、按摩方式，压力，激素分泌失衡等都会造成色斑。色斑的部位及其形状、分布方式不同，形成原因也不同。

5 **黑眼圈**（详细内容请参考第178页）

黑眼圈会让眼周暗沉。根据形成原因，可分为3类，即由血液循环不畅导致的青色黑眼圈，由摩擦和紫外线照射引起的咖啡色黑眼圈，以及由于年龄增长、皮肤失去弹性导致的黑色黑眼圈。

6 **暗沉**（详细内容请参考第182页）

眼周、鼻翼周围、脸颊凸起的部位以及整个脸部都会出现暗沉问题，主要是由血液循环不畅导致的。除此之外，残留在皮肤表面的老旧角质以及紫外线照射也会引起暗沉。

7 **松弛**（详细内容请参考第186页）

眼皮上方、眼下、嘴角两侧、泪沟、下巴、下颌线等部位容易松弛。主要是皮肤弹性成分减少、干燥导致的。

8 **皱纹**（详细内容请参考第192页）

皱纹包括皮肤干燥引起的细纹、做表情而形成的表情纹、皮肤松弛引起的老年纹等，法令纹也是皱纹的一种。

运用"脸部MAP"检查皮肤问题

序章

有没有长痘？

长痘的地方因人而异，但痘痘的形成原因主要是激素分泌失衡或生活习惯紊乱，导致皮脂分泌增加，老旧角质残留，使某处皮肤变厚，进而堵塞毛孔后造成的。

鼻翼上的毛孔明显吗？

皮脂分泌旺盛的区域，容易出现角质堆积。请检查一下毛孔周围是否发黑，或者是否因为干燥而变得粗大。

有没有黑眼圈？

眼周皮肤薄且容易干燥，因此容易出现黑眼圈。黑眼圈有青色、咖啡色和黑色3种，形成原因和对策不同，先确认颜色。

脸部整体是否暗沉？

暗沉是指皮肤不通透，脸色黯淡无光的状态。皮肤暗沉的主要原因是血液循环不畅和表皮更新缓慢。

皮肤是否松弛？

脸颊、上眼睑、下眼睑和下巴等部位的皮肤容易松弛下垂。主要是因为年龄增长造成的弹性成分减少以及紫外线的伤害。

有抬头纹吗？

上下活动眉毛时会动用额头上的肌肉，从而形成抬头纹。可以照照镜子，看看自己是否有这类表情纹。

有没有晒伤？

脸颊和鼻头在受到紫外线长时间强烈照射后，会泛红或蜕皮，请务必注意。

色斑属于哪一类？

颧骨周围长出的圆形色斑属于老年斑。左右对称、成片分布于颧骨和眼角之间的色斑是黄褐斑。分布于鼻子和颧骨之间的小黑点是雀斑。请先确认色斑的种类。

是否有法令纹、颈纹？

法令纹起于鼻翼两侧，经过嘴巴两侧，向下巴延展，是两道很深的纹路。形成原因有皮肤松弛、紫外线照射等。另外，颈部的皮肤比脸部薄，容易干燥，形成皱纹。需要进行和脸部同等程度的保湿护理。

9

填空式
"脸部MAP"

请参考第7页和第9页，制作自己的脸部MAP吧。填入容易干燥或长痘痘的部位等，有助于找到真正适合你的护肤方法。

基本信息

□年龄（　　岁）

□季节（春　夏　秋　冬）

□出生、成长的地方（　　　　　　　　　　　　　　）

□地域特征（　　　　　　　　　　　　　　　　　　）

□现在居住的地方（　　　　　　　　　　　　　　　）

□地域特征（　　　　　　　　　　　　　　　　　　）

□父母的肤质（　　　　　　　　　　　　　　　　　）

平时的护肤方法

早上的护肤

晚上的护肤

回顾生活习惯 ┅┅➔ 第7章（第223页）

掌握各个部位的皮肤状态（干燥、出油等）后，再确认是否有皮肤问题。

现在就来检查一下自己是否有痘痘、毛孔、晒伤、色斑、黑眼圈、暗沉、松弛和皱纹这八大皮肤问题吧！

睡眠时间（平均　　　　　　　　　　　　　　　　　）

运动（坚持的运动　　　　　　　　　　　　　　　　）

检查皮肤状态和皮肤问题
我的"脸部MAP"

T区

痘痘

晒伤

眼周

毛孔

色斑

鼻周

黑眼圈

暗沉

皱纹

嘴周

下颌线

松弛

重要的美容建议

不要光顾着皮肤，
身体内部也需要补充水分

为了防止皮肤干燥，人们一般会使用爽肤水和乳液来补水，从而增强皮肤屏障。但除了护肤品外，给身体内部补充水分也至关重要。

成人身体约60％由水构成。体内的水分具有输送营养、氧气到各个器官，并排出代谢废物的功能。当体内水分不足时，皮肤就无法获得营养，表皮新陈代谢减慢，变得干燥，甚至出现皮肤问题。提高皮肤的锁水力有助于增加皮肤中的水分含量。因此，为了健康，同时也为了打造完美的皮肤，一定要多喝水。

人们常说1天需要喝2L左右的水，但其实不用勉强自己一次性喝这么多，以1小时喝1次，1次1杯的频率，多次少量地摄取即可。尤其是早上，水分在睡觉期间会大量流失，起床时皮肤和身体都处于非常干燥的状态。皮肤暗沉或有其他皮肤问题的人，一定要养成起床后立即喝1杯水的习惯，这样可以补充夜间睡眠时丢失的水分，促进皮肤恢复湿度，有助于改善皮肤暗沉等问题。而且晨起一杯水还可以刺激肠胃活动，缓解便秘。

另外，补充水分并不代表喝任何饮料都可以，我建议大家尽可能喝白开水。绿茶、红茶中含有咖啡因，具有利尿的作用，反而会将水分排出体外。养成喝水的习惯后，就可以从身体内部防止皮肤干燥了。

第 1 章

美颜滚轮可以瘦脸、
美白护理只需夏天做即可……

天哪！竟然会适得其反？
错误的美容知识

自认为对皮肤好的护肤方法，反而会对皮肤
造成伤害。本章会指出我们在生活中无形被
灌输的错误的美容知识，同时介绍正确的护
肤方法。

误区 1

每天认真洗脸的话
皮肤会变粗糙

不认真洗脸会对皮肤
造成负面影响。
洗脸+保湿的
组合护理是关键。

想去除白天残留在脸上的汗水和灰尘，就必须洗脸。但是，我想不少人可能都听过这样的说法——过度清洁会将皮肤所需的油脂一并洗掉，因此最好不要经常洗脸。

确实，皮脂量会在我们30岁之后不断减少。而洁面或卸妆不仅能去除皮肤污垢，还能将皮脂一起去除。过度清洁确实会导致皮肤干燥。那么不洗脸就是正确的吗？事实并非如此。

我们的皮肤上寄居着数百亿个皮肤常居菌，它们发挥着各种各样的作用。比如，表皮葡萄球菌又被称为"美肤菌"，会分泌甘油类似物质，滋润皮肤，能维持屏障，有效防止病原菌侵入。

另外，会诱发长痘的痤疮丙酸杆菌其实也具有保护皮肤的功能，它可以维持皮肤的弱酸性。但是，如果每天不认真洗脸，这些常居菌便会失衡，导致本应发挥正面作用的菌群变成"坏"菌群，引发皮肤问题。

为了防止这种事情发生，每天洗脸至关重要。这也是打造完美皮肤所不可或缺的步骤。但是，切忌为了抑制出油而用力搓洗，因为摩擦会引发炎症，造成更严重的皮肤问题。尽可能缩短卸妆时间，洁面时用泡沫轻轻按压脸部，为皮肤减负。

洁面前请先充分起泡。也不要忘记将洗面奶冲洗干净。

洁面后要做好保湿工作。洁面确实会洗掉皮脂，因此需要及时补充水分和油分。从这层意义上来讲，它是一个伴随着风险的护肤步骤。但是，只要搭配保湿一起进行，就没什么可担心的了。

　　另外，洗面奶一般有清爽型和滋润型两种。经常有人问我"是不是用滋润型的洗面奶保湿效果会更好"，从结论上来讲，两者皆可。选择让你的皮肤感觉舒服的即可。

　　滋润型的洗面奶大多含有玻尿酸等保湿成分，但保湿效果并不会持久，它与清爽型洗面奶的区别只在于洗完脸后，皮肤是否有紧绷感。但是即便洗面奶中含有保湿成分，最终也会被冲洗干净，也就是说，除了采用特殊配方技术的产品之外，保湿成分基本不会残留在皮肤上。使用了滋润型洗面奶仍需要做后续的保湿工作，否则也会导致皮肤干燥。因此，无论使用哪种洗面奶，都请用爽肤水等做好后续的保湿工作。

误区 2

拍打、刺激可以让皮肤
变得有活力

错误的拍打
不仅会伤害皮肤，
还会造成皮肤暗沉

　　有些人会为了让爽肤水渗入皮肤，而用化妆棉或手"啪啪"地拍打皮肤，想让爽肤水彻底渗透进去。然而，无论怎么拍打，爽肤水都是无法渗入皮肤内层的。最近公布的一组数据表明，适度的压力有助于促进胶原蛋白的生成。但是，用力拍打可能造成过度刺激，适得其反。

　　另外，将脸向左右两边拉扯、推揉也会伤害皮肤。护肤时应谨记：皮肤非常不耐摩擦。如果对自己的拍打手法没有信心，那可以用手心轻柔地按压，从而促进护肤品的吸收。

误区 3

早上只用清水洗脸
对皮肤好

夜间护肤充分的人
早上最好使用
洗面奶洗脸

我在前文提到，很多人认为脸部不能过度清洁，所以早上只用清水或热水冲洗就可以了，其实早上的洁面需要根据肤质以及前一天晚上的护肤程度而定。早上洁面是为了将睡眠期间附着在皮肤上的汗液、皮脂、灰尘等洗掉。

人体自身分泌的皮脂具有保护皮肤的作用，过度清洗会将重要的皮脂也一并去除，引起皮肤干燥。如果早起后，脸上没有多余的皮脂，只用清水或热水洗脸即可，但是当前一天晚上涂了精华或面霜，或做了非常细致的护肤，那么早上起床后，脸上可能会残留前一天晚上护肤所带来的油分，整体感觉有些黏腻。这时若对这些皮脂和污垢置之不理，它们就会氧化，导致皮肤暗沉。

因此，早上起床后，如果感觉脸上油腻，就用洗面奶轻柔地清洗一下吧。

护肤的步骤会随着季节、气温、湿度的变化而变，请及时检查自己的皮肤状态，进行必要且有效的护肤。

人体的皮肤在晚上会分泌多少汗液和皮脂呢

人在睡眠期间会分泌200~350mL的汗液，当然这也和睡眠时间有关系。睡眠中的发汗具有降低体温、让人体快速进入深度睡眠的作用。脸部也有汗腺，尤其额头、鼻周很容易出汗，比如，平时容易出汗的人在夏天起床后可能会感觉脸上非常黏腻。另外，皮肤会在睡眠期间修复损伤组织，进行表皮更新，不断排泄多余的皮脂，并脱落角质。除此之外，如果因为压力等因素而睡眠不足，交感神经就会占据主导地位，分泌雄性激素，导致皮脂的分泌量增加。因此，早上通过洗脸清洗干净非常重要。

误区 4

面霜的保湿效果
比乳液强

面霜虽然具有防止水分
蒸发的效果,
但可能会补水不充分

面霜质地丰厚,往往导致人们觉得面霜的保湿效果比乳液强。但事实并非如此。

面霜和乳液都含有水分和油分,差别就在于乳液中的水分含量更多,具有给皮肤补充水分的作用。与之相对,面霜中油分含量较多,主要功能是防止皮肤中的水分和保湿成分流失。对于皮肤缺水的人而言,光涂抹面霜,虽然可以保护皮肤,但可能会导致补水不充分。

因此,我们需要根据皮肤的状态和护肤目的,区分使用面霜和乳液。

皮肤干燥的人可以在用爽肤水或乳液保湿后,涂抹足量的面霜,防止水分蒸发。这样皮肤就会变得滋润光滑。

容易出油、皮脂分泌过剩的人，依靠自己的油分就可以保护皮肤。因此，用爽肤水补充水分后，再涂抹乳液或精华，补充美容成分即可。不过，若感到眼周或嘴角干燥，建议使用眼霜等专用的护肤品进行护理。

保湿面霜和眼霜的区别

用于全脸的保湿面霜和眼部专用的眼霜的主要区别在于水油比例。

用于全脸的保湿面霜需要用其中的油分封住爽肤水或精华的成分，不让其流失，因此油分含量高于水分。而眼霜中水油含量则比较均衡，不至于给皮肤较薄的部位造成负担。除此之外，眼霜中还含有针对皱纹、皮肤弹性等问题的有效成分。在眼周涂抹用于全脸的保湿面霜，过多的油分会给眼周皮肤造成负担，反而引起皮肤松弛。因此，请针对各个部位使用合适的产品。

误区 5

涂抹精华后，就不需要
再涂乳液或面霜了

只涂精华，
对皮肤的保湿力不够

精华大多是各个品牌重点打造出来的产品，价格自然更高。这也给了部分消费者误导，认为只要涂抹精华，就不需要做其他保湿或护理工作了。

精华是一种护肤品，添加了可以改善皮肤干燥、色斑、皱纹等问题的成分，它可以直接解决皮肤问题。只要根据自己的护肤需求，选择合适的精华后，就可以获得良好的护肤效果。然而，只涂精华的方式并不适用于所有人。

为什么这么说呢？

精华虽然含有美容成分，但其中的油分和水分含量不足。如果想快速护肤或精简护肤，我更建议你使用乳液。乳液中既含有水分，也含有油分，可以给皮肤保湿的同时提供保护屏障。简单来说，精华是能够有效改善皮肤问题的护肤品，因此在使用精华的同时，也需要用爽肤水、乳液或面霜做好保湿工作，以免皮肤变得干燥。

精华可以改善的问题

◉ 皱纹　　◉ 黑眼圈　　◉ 暗沉
◉ 松弛　　◉ 色斑　　　◉ 毛孔

精华种类繁多，既有保湿功效的，又有针对皱纹、松弛等抗老需求的。除此之外，还有针对黑眼圈、毛孔等各种皮肤问题的产品。

选择精华时，请务必检查成分，根据自己的需求挑选！

误区 6

经常使用毛孔贴，
可以让毛孔变得干净细腻

使用过度反而会
导致角栓堵塞

毛孔贴可以粘走毛孔深处的污垢，令人神清气爽。但是过度使用会加重毛孔堵塞的状况。其实追本溯源，清洁毛孔这个想法本身就是错误的。

毛孔中有混合了老旧角质和皮脂的角栓。这种角栓可以保护毛孔。如果用毛孔贴将角栓连根拔除，那么当皮肤受到外部刺激时，为了保护毛孔，皮肤就会分泌更多皮脂。这样一来，本意是清洁毛孔，反而引发恶性循环。

如果你的毛孔问题是由角栓堵塞导致的，那么不要用毛孔贴一次性将其去除，可以使用酵素洁面粉，在其中加一点水，涂在脸上进行洁面。如果一定要用毛孔贴，那么事后就要做好保湿工作，并使用添加了甘草酸二钾、硬脂醇甘草亭酸酯等具有抗炎作用成分的护肤品。

　　毛孔不会消失，但通过正确的护肤，可以让它变得不明显。维生素C可以抑制皮脂分泌，使用含有维生素C的爽肤水或精华进行洁面后的护肤，可以抑制大量皮脂产生，防止毛孔堵塞。

　　另外，要想去除多余的皮脂，也可以使用吸污能力较强的泥膜或酵素洁面产品，但这种方法仅限于皮脂分泌过剩的人或者只使用在鼻翼等皮脂较多的部位。

＼ 有助于解决角栓堵塞的营养成分 ／

　　维生素B_2有助于维持适当的皮脂分泌量，维生素B_6具有参与脂肪分解、辅助维生素B_2的作用。因此，建议同时摄取维生素B_2和维生素B_6。

富含维生素B_2的食物
动物肝脏（猪、牛）、香蕉、纳豆等。

富含维生素B_6的食物
香蕉、鸡胸肉、金枪鱼等。

饮食生活紊乱，比如总是吃油腻的食物等，也会导致毛孔堵塞。因此，请重新审视自己的生活习惯吧！

误区 7

只有夏天
需要美白护理

冬天也需要进行
美白护理！
紫外线一年四季都存在！

是不是有人觉得只有夏天或被暴晒后才需要使用含有美白成分的护肤品？

其实美白护理无关季节。紫外线分为A波、B波、C波三个波段，即UVA、UVB和UVC。其中UVA的波长较长，可以直达皮肤的真皮层。A波不是夏天才独有的，它会照射一整年，破坏皮肤真皮层内的弹性成分——胶原蛋白和弹性蛋白。如果不对UVA做任何防护措施，皮肤就会受到损害，并加速衰老。

因此，即便在日晒不强的冬天，也要认真涂抹防晒霜来保护皮肤，并且尽可能避免阳光直射，保护皮肤免受紫外线的伤害。另外，美白护理也可以全年进行。维生素C、氨甲环酸等美白成分有助于减少紫外线的伤害，可以使用含有这些美白成分的护肤品做日常护理。

UVA是色斑的"定期存款"

　　紫外线一年四季都存在。无论是夏天还是冬天，UVA和UVB都会如期而至。UVB照射到皮肤后，会造成晒伤，使皮肤变黑。而波长较长的UVA会直达真皮层，一点一点地损伤皮肤，最终引起光老化。光老化是主要由UVA引起的皮肤老化现象，会让皮肤失去弹性，形成色斑、皱纹和松弛。

　　另外，UVA可以穿透云层和玻璃，会悄无声息地对皮肤造成伤害。即便在室内，也要一年四季都采取防UVA措施。

4~5月以及9月的紫外线强度也很高，注意不要被晒伤。

误区 8
只要涂抹凡士林就可以
给皮肤充分保湿

只涂抹凡士林可以
补充油分，
但可能会导致水分不足

　　凡士林是从石油提取出的保湿剂。在提取过程中去除了杂物，因此它的刺激性较低，不易引发炎症。再加上价格便宜，很多人都喜欢用。我们涂抹凡士林后，它会在皮肤表面形成一道膜，防止水分蒸发，同时保护皮肤免受外部刺激。但是，凡士林不像爽肤水、乳液等具有补水功能，只涂凡士林会导致皮肤缺水。尤其是油性皮肤的人还可能会长痘或出现其他皮肤问题。因此，我建议没有特殊皮肤疾病的人，不要只使用凡士林来保湿，这可能会打乱皮肤的水油平衡。

　　还有很多人会将凡士林涂抹在嘴唇上当作唇膏使用，虽然它可以保护嘴唇免受外部刺激，但其中缺少滋润成分。因此，当感觉嘴唇很干时，我还是建议大家使用含有保湿成分的唇膏或其他产品。除此之外，凡士林的质地比较黏腻，也不适合用于妆前护肤。

另外，使用凡士林前最好先用爽肤水或乳液做充分的保湿工作后，再涂抹凡士林来保护皮肤。

＼ 精致≠花很长时间 ／

听到"精致护肤"时，你是否觉得就是要多花点时间洁面或护肤？其实不然。所谓精致护肤并不是单纯指花时间慢慢护肤，而是指护肤前要做好充分准备。比如，花时间制作脸部MAP，掌握自己的皮肤状态，并根据自己的状态选择合适的护肤方法。或者洗脸前，先将洗面奶充分打泡，以免给皮肤造成负担。我们需要在确认自己的皮肤状态上多花些时间，才能找到适合自己的护肤方法。

误区 9

晒后只要摄取充足的
维生素C就可以了

日晒前后都需要
勤摄取维生素C

当我们的身体受到紫外线照射后，体内的活性氧会增加。活性氧具有击退病毒、细菌的作用，但如果生成得过多，会氧化其他细胞。氧化可以理解为生锈。皮肤细胞被氧化后，会导致皮肤老化，形成色斑、皱纹等。抗氧化物质可以抑制活性氧造成的氧化，它们包括维生素A（β-胡萝卜素）、维生素C、维生素E和多酚等。尤其是维生素C，更是美容所不可或缺的成分。除了护肤品外，也可以通过饮食积极地摄取。

维生素C具有抑制活性氧的作用，它是水溶性的，人体会吸收所需的量，超出部分会随尿液排出体外。因此，我们在日常生活中可以多摄取富含维生素C的食物，促进皮肤的晒后修复，同时有利于打造能抵御日晒攻击的体质。如果遇到紫外线特别强的日子，可以在日晒前后适当增加摄入量。

另外，维生素C也可以直接用来护肤。它可以抑制黑色素生成，黑色素是形成色斑的罪魁祸首。因此，有外出的计划时，可以在早上的护肤中加入维生素C。很多人害怕早上使用维生素C护肤会导致色斑，其实这种说法没有科学依据。

除此之外，维生素C对于影响皮肤弹性的胶原蛋白和弹性蛋白的生成也非常重要。因此，将维生素C用到夜间的护肤中可以获得更好的效果。

具有抗氧化作用、能防止皮肤晒伤的食物

富含维生素A的食物
南瓜、小松菜、西蓝花、胡萝卜等。

富含维生素C的食物
红色彩椒、欧芹、卷心菜、猕猴桃、柠檬、草莓等。

富含维生素E的食物
蒲烧鳗鱼、燕麦、葵花籽油、坚果等。

富含多酚的食物
红酒、红薯、荞麦面、黑芝麻等。

误区 10

用化妆棉涂抹爽肤水
更利于吸收

摩擦
可能会伤害皮肤

不管是涂抹爽肤水还是乳液，基本手法都是将液体倒在手上，再轻柔地按压在脸上。使用化妆棉的好处可能是有助于掌握使用量，但并不会比用手更利于皮肤吸收。

有些材质的化妆棉会有掉絮的现象，这些棉絮接触皮肤，可能会对其造成一定刺激，形成细小的损伤。另外，使用化妆棉时，人们往往会不自觉地用它来擦拭脸部表面、摩擦皮肤，这与拍打皮肤类似，也是没有意义的，只会给皮肤带来不必要的刺激，造成色斑。

干燥皮肤或者敏感肌的人尤其需要注意不要用化妆棉过度摩擦皮肤。最好的方法还是在手上倒足量的爽肤水，然后用手轻轻按压在脸上来将其涂抹开。

除此之外，也可以将爽肤水倒在大尺寸的化妆棉上，充分浸湿后，敷在脸上。但切记不要敷得太久，敷3~5分钟即可拿掉，此时皮肤就已经充分吸收了。

化妆棉的种类太多了

化妆棉的种类多种多样，虽然涂爽肤水时，用手比用化妆棉好，但化妆棉可以用来湿敷或局部卸妆。下面我为大家列举了主要的化妆棉类型，请根据自己的喜好和用途加以选择。

【方块式】

由裁剪松软的棉片制成，四边没有经过加工的化妆棉类型，其特征是棉絮均匀柔软，对皮肤造成的负担较少。这是一种标准类型，有各种用途。但缺点是容易掉絮。如果尺寸较大，可以将其用爽肤水浸湿后用作湿敷。

【封边式】

将多张薄棉片叠加在一起，对两边进行压边密封的化妆棉类型。相比方块式，这种化妆棉的优点是不易掉絮。可用于局部卸妆和卸指甲油。

【可撕式】

将多张薄棉片叠加在一起的化妆棉类型。这种类型和方块式很相似，但可以撕成几片。虽然容易掉絮，但因为可以撕成薄片，因此用它湿敷时可以更好地贴合皮肤。

误区 11

每天都用美颜滚轮按摩脸部
可以瘦脸

请注意！美颜滚轮的
瘦脸效果难以维持

我身边有很多每天努力提拉、按摩皮肤的人，她们经常说："为了瘦脸，我每天泡澡时都会使用美颜滚轮。"然而事实上，这种行为只会给皮肤带来负面效果。

从医学角度来说，给皮肤施加物理性刺激不可能令骨骼发生变化而使脸变小。

用美颜滚轮护理后，脸确实会暂时变得紧致。但这只是消肿了而已，这种状态不会持续太久。相反，越用力地用美颜滚轮按摩，对皮肤的摩擦、伤害就越大，严重的可能导致支撑皮肤的组织失去弹性，使脸部肌肉下垂，还可能导致黄褐斑等色斑问题恶化。如果一定要用美颜滚轮，最好限定使用，比如在约会前一天需要快速瘦脸的时候使用。使用时，也要注意力度，轻轻碰触即可。

脸部水肿的原因是什么

我们身体内的水分会往来于血管和细胞之间，输送营养、排出老旧废物，并以此保持体内的水分平衡。如果这种平衡因为某些原因而无法维持，就会导致细胞间积留水分，进而引发身体水肿。

脸部水肿的主要原因有以下几个，大多与饮食生活、激素平衡和年龄有很大关系。

◉ 摄取酒精

酒精摄取过多时，血液中的酒精浓度升高，导致血管扩张，从中渗出的水分增加，引起水肿。

◉ 摄取过多盐分

吃太多重口味的食物后，我们会摄取过多的钠。体内的水分平衡是由钠和钾来调节的。如果钠摄取过量，会形成水钠潴留，引起水肿。经常在外面吃饭的人容易钠摄入过量，可以食用富含钾的食物来平衡体内的钠，推荐香蕉、牛油果、毛豆等。

◉ 月经前的激素变化

月经前，黄体酮的波动会引起体内水分增加，此时，脸部容易水肿。

◉ 年龄增长

随着年龄的增长，血管会发生老化，导致水分和老旧废物无法顺利排出，从而引起水肿。

误区 12

蒸桑拿时毒素会随汗液排出，令皮肤干净通透

蒸桑拿只会排出水分，不能排毒

　　蒸桑拿并不具备排毒功能，即便出汗，排出来的也只有水分。体内生成的毒素会随着尿液和大便排出体外，而不是汗液。那么，人为什么会出汗呢？因为当外部温度上升时，大脑的体温调节中枢会通过自主神经向汗腺发出"请出汗"的指令。出汗可以调节体内的温度，避免体温过高。蒸桑拿会令体温升高，促使身体出汗来降温。很多人觉得出汗具有排毒功效，但实际上，出汗只会让人感觉神清气爽，毒素并不会和汗液一起排出体外。或许可以让皮肤变得光滑或促进新陈代谢，但效果甚微。

　　真正想要促进新陈代谢，不能靠出汗，通过运动增肌、燃烧脂肪更有效。但是，现代人在炎热的夏日可能会长期待在空调房中，出汗的机会随之变少，这会影响排汗系统，容

易导致自主神经紊乱。因此，桑拿确实为我们提供了一个出汗的环境，我们可以利用它来发汗，调节自主神经。

另外，蒸桑拿时，水分会随汗水流失，因此不要忘了及时补充水分。

促进新陈代谢的好习惯

促进新陈代谢最好的方法是适量运动，并改善饮食结构。

◉ 锻炼大块肌肉的运动

想要促进新陈代谢，就必须增肌。通过锻炼身体上大块肌肉，比如进行锻炼大腿和臀部肌肉的深蹲练习等，进行高效增肌。

◉ 摄取充足的水分

体内的水分会穿梭在血管之间，将营养成分输送给细胞，同时排出代谢废物。体内的水分如果不充足，代谢废物就容易堆积。因此，每天要多喝水，补充水分。

◉ 摄取充足的蛋白质

想要增加肌肉量，就必须补充营养。可充分摄取构成肌肉的蛋白质。最好选择高蛋白、低脂肪的食材。也可以适量吃蛋白粉。

◉ 早上或晚上进行拉伸

一边深呼吸，一边拉伸淋巴结聚集的髋关节和有大块肌肉的肩胛骨周围。适量的运动有助于促进氧气在体内的运行，从而促进代谢，并调整自主神经的平衡。

误区 13

戴口罩有助于保湿

口罩是干燥等皮肤问题的一大成因，
其保湿效果几乎为零

很多人认为口罩覆盖在脸的外面，可以保护皮肤，发挥保湿功效。实际上长时间戴口罩会给皮肤造成沉重的负担。戴着口罩呼吸时，我们呼出的气体会闷在口罩中。呼出的气体中含有水蒸气，口罩内由此变得闷热潮湿。皮肤本身具有屏障功能，但是长时间戴口罩后，闷热的环境会降低皮肤的保湿功能，导致水分不断流失。这种环境不仅会让皮肤变得干燥，还会引发炎症。

另外，当皮肤突然离开口罩内的高温高湿环境，暴露在空气中时，会承受强烈的温度和湿度变化。这会降低皮肤的屏障功能和保湿功能，引发各种皮肤问题。口罩引发的皮肤问题也受皮肤状态的影响。当皮肤比较油时容易长痘，而当皮肤比较干时，则会变得更加干燥，且纹理粗糙。敏感肌的人还会感觉有刺痛感。

因此，摘下口罩后，请根据各自的问题，用爽肤水或精华认真地进行护肤。

摘戴口罩让皮肤陷入严苛环境

我们使用口罩时，通常一天内要摘戴好几次，这会让皮肤陷入严苛的环境。戴口罩时，皮肤不仅会因为自己的呼气和湿度而处于闷热的状态，还会分泌很多皮脂。此时，油性皮肤的人就容易出现痘痘等皮肤问题。但是，一摘口罩，水分又会立刻蒸发，损害皮肤的屏障功能。此时，干性皮肤的人皮肤很容易变得粗糙。也就是说，摘戴口罩时，我们皮肤状态的弱点将显露无疑。打个比方，戴口罩时就相当于身处亚热带气候，而摘掉口罩后，又如同身处沙漠的干燥气候。我们在一天之内多次摘戴口罩，就相当于要在2种气候中交替暴露，这样的环境落差会让皮肤受到很大的伤害。

另外，摘戴口罩还伴随"摩擦"这个对皮肤伤害很大的因素。因此，戴口罩的日子里，请根据皮肤状态，做好补水等护肤工作，提高皮肤屏障能力。

友利老师，请告诉我！

关于选择护肤品的
基础问题
问和答

"化妆品的保质期是多久""使用同一系列的产品，效果会更好吗""明明成分相同，为什么价格相差这么多"……下面我将回答有关护肤品选择的问题！

去年开封的防晒霜还能使用吗?

请尽可能当季用完

虽然保质期与产品类型有关，但一般情况下，防晒霜未开封时可保存3年左右。开封后，应尽量在1个季度内用完。护肤品虽然不像食物那样，会变得不新鲜，但会因为手碰触瓶口而被污染，有时候也会因为空气或温度变得容易氧化。因此，开封后应尽量在当季内用完。由于护肤品容易受温度变化的影响，放置时应避开阳光直射的地方。另外，包装上没有标明需冷藏保存的产品，若强行放在冰箱保存，其中的成分可能会因为温度低而变性或变色，应根据使用说明安排保存方式。当护肤品散发异味或发生变色时，请立刻停止使用。

是不是使用同系列的全套护肤品更好?

选择自己皮肤需要的产品，不必凑齐同一系列

　　同系列是指同一公司、同一品牌的产品，其中一般包含爽肤水、乳液、精华、保湿面霜等全套产品。使用同一公司的全套产品的好处是可以按照推荐的顺序使用，护肤时比较轻松。但是，选择护肤品的种类时，应按照自己的皮肤状态来选择，我会在后文讲解护肤顺序（第48页）。因此，即便不使用同系列的产品，也不会感觉收效甚微。你可以自由搭配适合自己皮肤的产品。但是，使用了不同系列的产品后，如果皮肤有刺痛感，请立即停止使用。

如果店员推荐你
使用同系列的产品，
那可以先用试用品
测试一下是否适合
自己的皮肤。

成分相同的精华，为什么有的贵，有的便宜？

除了有效成分外，如果还添加了其他成分，价格就会变贵

以防晒霜为例，同样都标着SPF50、PA+++的产品，有的标价50元，有的则标价300元。爽肤水也是，同样都写着添加了玻尿酸，价格却天差地别。是不是因为便宜的产品有效成分含量较少呢？护肤品价格差异的主要原因是有效成分之外的其他成分含量不同。价格高的护肤品中除了标出来的成分外，还会添加辅助皮肤吸收有效成分的其他成分，或者各个成分的配比有所不同。除此之外，公司的独家研发费用有时也会反映到价格上。

但是，价格便宜的产品中的有效成分含量不一定少。比如，日本的医药部外品（具体见第124页）中的有效成分含量都是固定的，因此，便宜的产品也可以发挥功效。选择护肤品时，自己能够持久使用下去也是重要的考量因素之一，不要单纯地用价格来判断。

选择护肤品时，相比价格，重要的还是选择适合自己皮肤的产品！

"多合一"护肤品真的可以护理皮肤吗?

如果你能感觉到皮肤滋润,那就是可以。也可以根据皮肤的状态,添加局部护理

多合一护肤品是指囊括了爽肤水、乳液、精华等多种功能的护肤品,优点是使用方便,可缩短护理时间。如果使用多合一护肤品后,皮肤状态没有问题,那就说明这个产品足以满足你的护肤需求。但是,多合一护肤品中不会添加很多可以改善痘痘、色斑、皱纹等问题的有效成分,有这些皮肤问题的人最好再搭配使用局部护理产品。另外,季节性皮肤干燥需要多补充水分和油分,而只使用多合一产品的话,很难在换季这种特定时间段做出有效调整。如果你想根据皮肤的状态和季节进行细致护肤,那就不要只依靠多合一产品,缺少的成分要及时补充进去。

第一次使用护肤品时有刺痛感,习惯后,可以继续使用吗?

刺痛表明皮肤有炎症。请立即停止使用

购买了比平时贵的护肤品,但是使用后却感觉皮肤有点刺痛。此时,你是否会觉得"这个护肤品中含有高浓度的成分,所以第一次使用才会有刺痛感",然后硬着头皮继续使用呢?事实上,这是一个重大的错误。除了含有维生素A的护肤品外,其他所有护肤品都不需要持续使用来让皮肤产生耐受。也就是说,"皮肤刺痛=皮肤遭受过度刺激"。继续使用的话很可能引发炎症,请立即停止使用。同样,皮肤变红的话也不可以继续使用。

女性可以使用男性护肤品吗?

男性护肤品大多具有抑制皮脂分泌的功效,有些肤质不适合使用

　　男性护肤品和女性护肤品中添加的有效成分基本是一样的。但是,油分的比例、量、使用感会有所不同。和女性的皮肤相比,男性的皮脂分泌较多,水分较少,角质层较厚,因此大多数男性护肤品中的油分含量没有女性护肤品多,不仅如此,还会添加抑制皮脂分泌或收缩毛孔的成分等。女性使用男性护肤品后,大多会感觉不够滋润。因此,除非是大油皮,否则不建议使用。

　　另外,很多男性都喜欢清新凉爽的使用感,所以男性护肤品中经常会添加薄荷醇等能带来清凉感的成分。

应该什么时候开始祛除色斑或抗皱呢?

预防性的护理随时都可以开始

　　从预防色斑和皱纹的意义上来讲,任何时候开始都可以。认真涂抹防晒霜来对抗紫外线,以及做好保湿工作来防止皮肤干燥,是所有年龄层的人进行护肤时都必须要做的两件事。请参考第11页制作的脸部MAP,如果有色斑、皱纹等皮肤问题,那么除了基础护肤外,还需要使用专用的护肤品。除此之外,也请重新审视自己基本的皮肤状况和生活习惯,检查自己洁面或卸妆时是否会用力擦拭皮肤,生活习惯是否紊乱等。

二十几岁就开始使用抗老的护肤品，皮肤会被"宠坏"，很不好?

没有这回事。但是油分太多，可能会引发问题

也许有人觉得年轻时使用针对五十多岁人群的高价爽肤水或面霜，皮肤会被"宠坏"，导致"美肤力"下降。严格来讲，没有这回事。二十多岁的人使用的护肤品和五十多岁的人使用的护肤品，差别主要在油分含量上。

随着年龄的增长，皮肤角质层的锁水力和皮脂腺分泌油脂的能力都会下降，抗老护肤品大多油分含量较高，且质地浓稠。二十多岁、皮肤健康的人使用后，可能会导致油脂过剩，引发痘痘等问题。虽然皮肤不会被宠坏，但还是需要根据自己的皮肤状态，来判断自己现在的皮肤是否需要抗老的护肤品。

在各类美容信息横飞的现在，最重要的是聆听自己皮肤的声音！根据自己的皮肤状态，选择真正需要的护肤品！

专栏
2

重要的美容建议

睡相差，容易长皱纹

　　优质的睡眠有助于分泌生长激素，修复皮肤和脏器，对美容至关重要。睡眠时的睡相也会对皮肤产生影响。比如，习惯侧躺的人，皮肤会受到枕头的压迫，在反复的摩擦中受到伤害，因此容易长法令纹等。同理，俯卧的人，额头会受到枕头的压迫，需要注意额头上的皱纹。

　　因此，睡觉时尽可能仰卧平躺，不要给脸部皮肤施加过多的压力。

　　另外，还需要注意枕头的高度。如果枕头太高，脖子就会弯曲，形成颈纹，还会导致肩颈酸痛。为了防止颈纹增加，最好根据自己的颈部曲线，选择合适的枕头。

托腮的动作也容易长皱纹。平时下意识做的一些动作，都有可能引发皮肤问题。

第 2 章

洁面、爽肤水、乳液……

护肤习惯至关重要！
令皮肤舒服的护肤顺序

遵守卸妆、洁面、爽肤水、乳液……的护肤顺序，了解正确的护肤知识和护肤品选择方法后，你的皮肤才会越来越好。养成习惯，皮肤一定不会辜负你的期望！

用完爽肤水后是用乳液，还是精华？
弄不明白护肤顺序

只要"洗""补"做到位，
顺序无所谓

　　涂完爽肤水之后涂乳液，还是抹面霜？精华什么时候涂……我想可能有很多人都弄不明白正确的护肤顺序。除此之外，肌底液也是大家很关注的产品，但是它的加入让人们更不清楚到底该从哪个产品开始护肤了。

　　这里，我为大家明确护肤的基础步骤是以下3个。

　　1.卸妆、洁面……【洗】

　　2.涂抹爽肤水、精华，补充皮肤缺少的成分……【补】

　　3.涂抹乳液或面霜等，将补充的成分锁在皮肤内……【保护】

　　洗、补、保护是基础护肤顺序。但我们实际护肤时，没必要使用所有对应的产品。就像我在"脸部MAP"（第11页）中介绍的那样，皮肤的状态因人而异，还会受季节的影响，而且不同部位的皮肤状态也有所不同。比如，皮脂分泌过剩的人靠自己皮肤的油分就可以在皮肤表面形成一层膜，不需要再另外涂抹面霜。如果没有皮肤问题，完全可以不涂精华。在护肤中，比起护肤品的种类，有没有做到基础的3个步骤更为重要。

另外，乳液、精华等的涂抹顺序有时候取决于产品要求。可以在使用前先确认一下产品说明，然后按照产品建议的顺序使用。

精华和面霜，选哪个？

关于乳液和面霜，我也经常被问到"哪个的护肤效果更好"这样的问题。乳液和面霜的使用基本上都是为了防止皮肤水分蒸发。但是，两者含有的水分或油分的量是不同的。因此，有的人只需使用一种，而有的人则需要使用两种。

另外，护肤品并不是涂抹得越多对皮肤越好。请谨记，一定要选择自己皮肤真正需要的产品。

如果迷失在新的护肤品和各类美容信息中就请回归基础！

多个护肤品牌在每个季节都会上新产品，不仅如此，社交平台上也充斥着各种各样的美容信息，让人们完全不知道该使用什么……这时候，请回归护肤的基础，确认洗、补、保护这3个步骤是否做到位了，然后再选择产品。

护肤的基础步骤

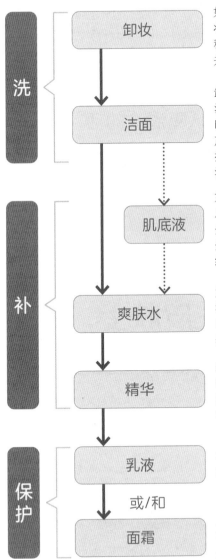

洗

卸妆

如果化了妆，请一定要使用卸妆产品卸妆。根据妆容的浓淡程度，选择合适的卸妆产品，并快速卸掉。

洁面

卸完妆后，不需要进行二次清洁。洁面时，可以根据肤质和晚上的护肤，选择合适的洁面产品。为了不给皮肤造成负担，我建议将洗面奶充分起泡。清洁时不要搓洗。

补

肌底液

如果角质层比较厚或硬，导致皮肤摸起来僵硬，这时护肤成分就会难以被皮肤吸收。可以先用肌底液软化皮肤，促进后续护肤产品的吸收。

爽肤水

为皮肤补充水分。很多爽肤水都添加了神经酰胺或玻尿酸。使用时，将足量的爽肤水倒在手上，然后用手轻柔地涂抹在脸上。

精华

精华是针对保湿、祛除色斑、去皱等各种目的开发的护肤品。质地各不相同，应根据自己的皮肤状态选择合适的产品。

保护

乳液

补充保湿成分或油分。用手捂暖后再涂抹。

或/和

面霜

用油分将爽肤水和精华为皮肤补充的成分锁在皮肤内。皮脂分泌过剩的人可以不用。

①

打造完美皮肤不可缺的
"卸妆" 步骤

化妆品残留在脸上，不仅会导致皮肤粗糙，还会引起暗沉。因此，请根据化妆品的种类，选择正确的卸妆产品，做好卸妆工作。

用洗面奶认真清洗的话，
就可以不用卸妆产品了吧

油性化妆品会
残留在皮肤上，
认真卸妆**至关重要**

　　卸妆产品主要用于去除油性污垢；洗面奶用于去除老旧角质、灰尘等，这些污垢也可用水溶性成分清洗。然而粉底基本都是油性的，光使用洗面奶很难将其彻底洗掉。另外，卸妆产品不仅可以卸掉化妆品，还能去除灰尘等日常生活中附着在皮肤上的污染物和皮脂的混合物。如果对附着在皮肤上的这些皮脂和污垢放任不管，皮肤就会被氧化，变得暗沉。但是，有些防晒霜和BB霜是可以用洗面奶洗掉的，如果只用了这类产品就可以不用卸妆。

由于卸妆产品可以去除皮脂，卸妆时间不宜太长，否则它会把皮肤所需的皮脂也一并去除，给皮肤造成负担。使劲搓洗还会引发色斑、暗沉等皮肤问题。但是如果清洁得不够细致，皮肤上又会残留污垢。这些污垢和皮脂混合在一起会成为繁殖细菌的温床。因此，卸妆时，请用温水、轻柔、快速、充分地清洗。

▌卸妆产品的类型

种类	性质	清洁力
卸妆油	油溶性，表面活性剂多，能快速卸除浓妆。但同时也会去除皮脂，卸妆时的速度一定要快。	强
卸妆啫喱	在水溶性成分中加入了表面活性剂。洗完后，皮肤会感觉很清爽。	较强
卸妆乳	油分和水分各占一半。溶解化妆品的能力较弱，但对皮肤温柔无刺激。建议卸除淡妆时使用。	一般
卸妆霜	霜状，质地浓厚，油分较多。洗完后，皮肤会比较滋润。	较弱

为了不给皮肤增加负担
该如何卸妆呢

请根据妆容的
浓淡程度，灵活使用
各类卸妆产品

　　为了更好地溶解油污、卸掉化妆品，卸妆产品中通常会添加表面活性剂，但是这会对皮肤产生一定刺激。表面活性剂有利于水和油混溶。不同种类的卸妆产品中添加的表面活性剂的量和种类也有所不同。

　　如果卸妆产品中的表面活性剂含量高，它就可以和化妆品充分融合，更好地去除污垢。但同时也会去除皮脂，对皮肤产生刺激。而表面活性剂含量低的卸妆产品的清洁力会减弱，卸掉化妆品所需的时间变长，会增加摩擦皮肤的频率。

　　卸妆的要点是尽可能快速地结束，减少对皮肤的摩擦。为此，请根据妆容的浓淡程度，灵活使用卸妆产品。比如，眼唇部妆容比较厚重时，可以先用眼唇卸妆水擦去眼唇的化妆品，再用油分较多的卸妆油进行全脸卸妆，这样就可以快速卸妆。如果化的是淡妆，就用大量的卸妆霜或卸妆乳卸妆，以此减少皮肤的负担，预防皮肤问题。

选择卸妆产品时，不要根据皮肤的状态，而是要根据妆容的浓淡程度来做选择，这样才能更有效地将化妆品卸干净。

妆容的浓淡程度和卸妆产品类型

浓妆

卸妆油

卸妆啫喱

卸妆乳

卸妆霜

淡妆

卸妆油对皮肤不好吗？

你可能会觉得卸妆油的清洁力强，会让皮肤变得干燥。但是，卸妆油可以快速和化妆品融合，不需要用力摩擦就可将其卸掉，所以"卸妆油=对皮肤不好"的说法是错的。

请教我正确的卸妆方法

重点是不摩擦皮肤，
快速卸妆

　　务必不要为了去除毛孔内的皮脂而用力摩擦皮肤。卸妆时，只需将卸妆产品涂抹在皮肤上，让其和化妆品融合后，再用水冲洗干净即可。融合的时间短一点，冲洗的时间长一点，有利于打造健康的"裸肌"。

▌正确的卸妆方法：卸妆油

1 将卸妆油倒在手上

取适量卸妆油，置于干燥的手掌上。用量以1元硬币的大小为标准。

2 先涂抹T区

只在鼻翼处打圈！

从皮脂污垢较多的T区开始，轻轻地让卸妆油和化妆品融合在一起。切记不要揉搓。

③ 再涂抹U区

脸部要从中间向外侧
涂抹。

误区！

不要用力揉搓、
摩擦！

④ 加水乳化

将卸妆油涂满全脸后，取少量水
涂在脸上，让油分和水分混合
在一起，直至卸妆油被乳化成白
色。这样一来，化妆品和污垢就
会浮出来，不需要太多摩擦就可
将化妆品卸掉。

⑤ 用温水冲洗

用温水冲洗全脸。此时也不要
揉搓，轻轻地将温水扑在脸上
即可。

⑥ 发际线处也不要忘了冲洗

轻轻冲洗发际线，以免卸妆油残
留在发根处。

⑦ 将全脸冲洗干净

冲洗时间可以久一点。下巴下方
和下颌线也要认真冲洗。

⑧ 用干净的毛巾擦干，
卸妆就结束了

用质地柔软的毛巾擦拭，不要揉
搓，轻轻按压，将水分吸掉即可。

第2章

眼妆和唇妆要怎么卸

将卸妆水按在上面，
切勿揉搓

卸浓妆时，先用卸妆水卸掉眼部和唇部的妆容，之后再进行全脸卸妆。过程中会用到化妆棉，但是请不要将皮肤向左右两边拉扯或用力揉搓皮肤。

▎正确的卸妆方法：眼唇卸妆水

1 将卸妆水倒在化妆棉上

将适量的卸妆水倒在化妆棉上。

2 按在要卸妆的眼部

轻轻地将化妆棉按在眼周。先卸睫毛膏等眼妆。

③ 将化妆棉对折，卸细小部位

将化妆棉对折，然后按在眼睛边缘或眼线等细小部位。

④ 从上面轻拍

误区！

残留的眼妆可通过轻轻拍打卸掉，不要用化妆棉擦拭。

眼周的皮肤很薄，用力揉搓会形成皱纹。

⑤ 卸掉嘴唇上的妆

嘴唇也一样。先将卸妆水倒在化妆棉上，然后轻轻按压在嘴唇上。

⑥ 卸干净了!

即便不揉搓也可以将眼唇妆卸干净。眼周和嘴边的皮肤较薄，容易干燥，形成皱纹。因此，轻轻按压才是最佳卸妆方式!

没卸妆就睡了

虽然皮肤不会因为带妆睡了一晚而立马变粗糙，但是化妆品和我们的汗液、油脂混合在一起后容易造成皮肤氧化。因此，第二天早上起床后请立即用卸妆产品清洗，然后补充水分和油分，做好充分的保湿工作。

② 让皮肤变干净的
"洁面"步骤

洁面的作用是洗掉脱落的角质细胞、汗液、皮脂以及残留在脸上的污垢等，为后续补充美容成分做好准备。和卸妆一样，切勿用力搓洗。

早上洁面和晚上洁面有什么不同

早上清洗睡眠期间分泌的皮脂和前晚的护肤品残余，晚上清洗化妆品和白天的污垢

　　洁面不仅可以让皮肤保持干净，还是重要的护肤步骤之一。洁面的目的是洗掉皮肤上的污垢，让皮肤能更好地吸收后续爽肤水和精华中的成分。也许有人会觉得晚上不过是睡了一觉而已，早上不需要好好洁面。但是人体在睡觉时会分泌皮脂，它会和灰尘混合，并附着在脸上。另外，如果前

一晚进行了全套的护肤，那么油分就会不可避免地残留在脸上，光靠冷水或热水是无法洗干净的，需要使用洁面产品。

因此，早上洗脸时应根据前一晚的护肤程度，决定是否使用洁面产品来去除污垢。

晚上洁面是为了洗掉白天粘到脸上的污垢和皮脂。如果长时间对残留在皮肤上的皮脂和污垢置之不理，它们就会氧化，导致皮肤暗沉。因此，即便没有化妆，也必须用洁面产品将污垢清除干净。

如果需要卸妆，就不用进行二次清洁。除非卸妆产品上写着需要二次清洁，那么就遵循产品的使用方法。不过，二次清洁会导致皮肤干燥，干性皮肤的人需要注意。

早上请用温水洁面！热水会让皮肤变得干燥，请尽量避免！

如何选择洁面产品

根据肤质和护肤程度
选择洁面产品

　　和卸妆产品相比，洁面产品的成分大多是水、水溶性成分和表面活性剂，油分含量较少，容易起泡。另外，有些洁面产品中还含有神经酰胺、玻尿酸等保湿成分，但这些成分最终都会被冲洗掉，最多能够稍微缓解一下皮肤的紧绷感。因此，选择洁面产品时，不要根据其中添加的成分选择，而要选择适合自己肤质的产品。

洁面时，不要用力揉搓，以免洗掉表皮所需的皮脂。

皮脂分泌旺盛、早上起床后脸上有黏腻感的人建议使用清爽型洗面奶，而敏感肌人群最好使用清洁力较弱的洁面乳。另外，为了预防皮肤问题，也可以根据早晚的护肤流程或者根据季节，使用不同的洁面产品。

有很多种类哦！

▎洁面产品的类型

洁面皂	主要成分是天然的表面活性剂，洗完后会感觉很清爽。建议打出泡沫后再上脸
洗面奶	大多是液体或霜状的。建议用起泡器打出泡沫后再使用。洗面奶一般分清爽型和滋润型，其中的清洁成分强弱不一
洁面啫喱	啫喱状的洁面产品可以将污垢包裹住，并一同被冲洗掉。产品不同，其清洁力有强有弱。清爽型的产品相对较多，因此想获得清爽感的人可以使用这种类型
洁面泡沫	多为压泵式。一按就起泡，省下了自己起泡的时间，非常方便
洁面粉	将洁面粉放在手心或放入起泡网，揉出泡沫后再使用。很多洁面粉都添加了酵素，洗完后，会感觉皮肤表面很平滑
洁面乳	这种类型通常不会起泡。清洁力弱，适合干性皮肤。使用时，要用足量，并且注意不要摩擦皮肤

第2章

先洗脸上的哪个部位

洁面产品起泡后，
从皮脂较多的T区开始清洁

　　洁面产品起泡标准应该是泡沫放在手上倒置也不会掉落的绵密程度，这种泡沫更容易吸附污垢，达到应有的清洁效果。因此，充分起泡对洁面很重要。

　　将丰盈绵密的泡沫涂抹到皮肤上之后，无须揉搓即可将上面的污垢洗掉。先从皮脂分泌较多的T区开始涂抹，到达眼周的脆弱皮肤时，用指尖将泡沫推开。涂抹完后，再用温水快速（10~20秒）冲洗干净，防止和皮肤产生过多摩擦。

▍不会给皮肤造成负担的洁面方法

1 用手拿取洁面产品，起泡

使用起泡网　　用手起泡

用手取适量洁面产品，放入起泡网起泡。如果要用手起泡，就将手指聚拢，手心下凹，将洁面产品放在手心凹陷处，然后加水，用另一只手揉搓，同时让空气进来。这样就能打出细腻的泡沫了。

② 确认泡沫是否丰盈

丰盈

蓬松

如果将泡沫放在手上倒置不掉落，就可以温柔地涂抹在脸上了。

③ 将泡沫涂抹在皮脂较多的T区

先将泡沫涂抹在皮脂较多的额头和鼻部。轻柔地抹开，静置，不需要揉搓。

④ 将泡沫涂抹在U区

丰盈

将泡沫涂抹在从两颊至下巴的U区，用手指推压泡沫，不要揉搓。

⑤ 在长痘的部位涂抹充足的泡沫

在长痘的部位涂抹充足的泡沫，然后用手指按压着清洗。毛孔粗大的人，可以在鼻翼处打圈。

⑥ 用温水冲洗

用温水快速将洁面产品洗掉，用时10~20秒。

⑦ 检查发际线

检查一下发际线和下巴，看是否有残留的洁面产品。

⑧ 用毛巾按压

请轻轻按压！

用毛巾擦脸时也不要揉搓，轻轻按压，将水分吸走即可。

③ 防止外油内干的 "爽肤水"

洁面后，若皮脂膜被过度清除，皮肤容易变得干燥。爽肤水可以给皮肤补充充足的水分，软化角质层，促进后续护肤成分的吸收。

如果涂了面霜或凡士林，还用涂爽肤水吗

亚洲人大多皮肤角质层薄，皮脂分泌多，离不开爽肤水

你是否觉得我们平时只需要依靠面霜中的油分锁住其他护肤品中的有效成分就可以了？然而事实并非如此，爽肤水是亚洲人不可或缺的护肤品。

在皮肤的角质层结构中，角质细胞可以看作砖头，它们砌成了一面墙。细胞间的脂质则像水泥一样将角质细胞紧紧

连在一起。它们的上方又铺着一道皮脂膜，保护皮肤免受外部的刺激。另外，角质层中含有天然保湿因子，具有锁水的功能。

和欧美人相比，大多数亚洲人的角质层较薄，这导致了角质细胞中的天然保湿因子较少，锁水能力较弱，皮肤容易流失水分，陷入干燥状态。而且，我们皮肤中用来形成皮脂膜的油脂比欧美人更多。也就是说，亚洲人的皮脂腺虽然能够产生足够的油脂来形成皮脂膜，但皮肤内部的锁水能力却很低，非常容易出现外油内干的情况。

因此，对于亚洲人而言，涂抹含有锁水功能的保湿成分的爽肤水在护肤中就至关重要了。

爽肤水的种类很多, 有添加了玻尿酸、甘油、神经酰胺的等等, 该选择哪种呢

皮肤现在缺少什么就选什么

爽肤水的种类繁多, 有保湿爽肤水、美白爽肤水、清洁爽肤水、收敛爽肤水、痘肌专用爽肤水等。如果单纯用于日常护理, 可以选择保湿爽肤水。最近, 市面上也出现了很多含有神经酰胺、类肝素等高保湿成分的爽肤水供大家选择。

有美白需求的人可以选择既保湿又含有美白功能成分的美白爽肤水。

爽肤水的主要作用虽然是为皮肤补充水分, 但使用后的肤感也很重要。不同品牌的爽肤水的质地各有不同, 有清爽型的, 也有滋润型的, 可以按照自己的喜好, 选择适合自己的皮肤、又让你感到肤感舒服的产品即可。

> 我建议皮肤特别干燥的人选择添加了神经酰胺的爽肤水，为皮肤充分保湿。

选择爽肤水时需要确认的成分

玻尿酸	玻尿酸可以裹住水分进入角质层，并将水分锁在里面。呈啫喱状，具有很强的锁水力，推荐外油内干肤质的人使用
胶原蛋白	胶原蛋白具有增强真皮层弹性的作用。虽然保湿力不如玻尿酸，但可以裹住水分，亲水性好
神经酰胺	神经酰胺是维持皮肤屏障的重要成分，它就像水泥一样，将角质层细胞连接在一起。并且还可以抓住水分，将其锁在角质层内，非常适合皮肤干燥的人使用
类肝素	锁水能力强，常被用作治疗干燥症的药物。可以帮皮肤锁住水分，也是喜疗妥药膏的有效成分
Rice Power ® No.11	日本唯一得到认可的"可以改善皮肤锁水功能"的成分。有助于神经酰胺的生成

涂抹爽肤水时要拍打皮肤吗

爽肤水要轻轻按压着涂抹全脸

我不强制要求大家从脸上某个位置开始涂爽肤水，为了防止漏涂，大家可以自行决定爽肤水的涂抹顺序。不过，我建议从两颊开始，向着皮脂较多的T区轻轻按压。另外，眼周如果干燥的话，可以分多次涂抹，让爽肤水滋润皮肤。

█ 容易被皮肤吸收的爽肤水涂抹方法

1 将爽肤水倒在手上

取适量（1元硬币大小）爽肤水置于手掌心，用双手揉搓一下。

2 先涂抹脸颊

从脸的中间向外侧，轻轻按压着涂抹。

3 涂抹T区

涂完整个脸颊后，再轻轻涂抹皮脂较多的T区。

4 眼尾和鼻翼也不要忘记涂抹

眼 ／

鼻 ／

眼尾、鼻翼等皮肤较脆弱的部位，要用指腹轻轻按压，不可以揉搓。

5 不够就加

感觉整体不够用时，再涂一遍。

爽肤水多用一点也没关系！

6 捧住脸颊按压

慢 ／

最后，用双手捧住脸颊按压。皮肤干燥的人可以反复做②和④。

7 爽肤水涂抹完毕

皮肤已经补充了充足的水分，变得很平滑、不干燥啦。

④

根据皮肤问题选择
"精华"

精华中添加的有效成分种类很多，有保湿功效、美白功效、抗老功效等。使用时，请根据色斑、皱纹、松弛等皮肤问题，选择合适的精华。

二十几岁的人也需要涂抹精华吗

精华和年龄无关，请根据皮肤问题，选用合适的精华

　　精华是添加了神经酰胺、玻尿酸、胶原蛋白等保湿成分，维生素C衍生物等美白成分或视黄醇等抗老成分的护肤品，这些成分可以有效地改善各类皮肤问题。大部分精华中美容成分的浓度都比爽肤水高，会对皮肤产生更好的效果。因此，选择精华时，请根据色斑、干燥等自己的皮肤问题来选择。

　　精华一般在涂完爽肤水之后使用。这时，皮肤已经被爽肤水喂饱了水，处于良好的状态，精华中的有效成分可以很

好地被皮肤吸收。不过，有些精华也会作为肌底液（导入精华）用于爽肤水之前。因此，请先确认使用顺序。

想要兼顾保湿和抗皱时该怎么办呢？

皮肤因为干燥而受损，眼部还有细纹……当你既想保湿，又想解决其他皮肤问题时，可以搭配2种精华一起使用。这时，我建议先涂抹保湿精华，再局部涂抹抗皱精华。

另外，如果2种精华的质地不同，可以先使用清爽的，再使用油润的。如果你想节约成本或精简步骤，可以使用1种精华，那么你可以从整体护肤的平衡来考虑，用爽肤水和乳液进行保湿护理，再用精华改善皮肤问题。

精华的种类

保湿精华	美白精华	抗老精华
想要缓解皮肤干燥，或随着年龄增长，皮肤中的保湿成分减少时，可以使用。具有代表性的成分有神经酰胺、玻尿酸、胶原蛋白等。	黑色素是形成色斑的罪魁祸首。美白精华中含有可抑制黑色素生成的成分，有维生素C衍生物、洋甘菊提取物、氨甲环酸、曲酸、熊果苷等。	建议有皱纹或皮肤松弛的人使用。主要成分有增强皮肤弹性的视黄醇等维生素A衍生物、对祛皱有效的Niruwan*、烟酰胺等。

*Niruwan：精华中的独家抗皱成分。

73

使用两种精华时的注意点

皮肤出现问题后，如果病急乱投医，将各种各样的精华一层又一层地涂抹在整张脸上，反而会给皮肤带来刺激，甚至加剧皮肤问题。

这时请运用第11页的"脸部MAP"，先检查自己的皮肤状态。比如，如果要使用抗皱精华，是否真的需要全脸涂抹？深纹出现在哪个部位？情况怎么样？确认清楚后，再对需要抗皱的地方进行针对性护理。

皮肤出现问题后，可以使用相应的精华。但叠涂多种护肤品，对于皮肤来说未必是一件好事。请时刻用"脸部MAP"掌握自己的皮肤状态，然后针对有问题的部位使用美白精华或抗皱精华。

▌可以让美容成分更好地被皮肤吸收的 精华涂抹方法

1 将精华倒在手上

取适量精华在手掌上。各个产品的适量标准是不同的，所以使用前请先确认使用方法。

2 涂抹在脸上

将精华涂抹在脸上。

③ 用指腹促进吸收

用指腹从脸的内侧向外侧推压，注意不要揉搓。

误区！

涂抹精华时，不可以揉搓、摩擦！

④ 用手心按压

慢慢地

轻轻按压，以促进吸收！

最后用手心按压，让精华渗透进皮肤深层。

⑤ 涂抹1种精华的人，到此就结束了

只涂抹1种精华的人，护理到这一步就结束了。

使用2种精华的人，请继续护理。

将第2种精华有针对性地涂抹在色斑、皱纹处。

第2章

75

⑤ 干性皮肤不可或缺的 "乳液"

乳液的作用是给皮肤补充油分，让皮肤保持柔软。乳液中含有的适量油分可以促进水油平衡，防止干燥，保护皮肤。

乳液和面霜有什么不同

水分和油分的比例不同。
乳液既可以补充水分，又可以补充油分

很多人对于乳液和面霜的区别抱有"两种都需要使用吗""分别有什么样的功能"等疑问。

事实上，乳液和面霜的功能几乎是一样的，都是锁住爽肤水为皮肤补充的水分，防止其蒸发。两者的不同之处在于所含水分和油分的比例不同。

和面霜相比，乳液中的油性成分较少，水分较多，其

中一般还会添加有锁水功能的保湿成分，这种成分也能给皮肤补水。除此之外，乳液可以在皮肤表面形成一道薄薄的油膜，进一步将水分锁在皮肤内部。

乳液的水油比例较为均衡，容易被皮肤吸收，让皮肤保持柔嫩。因此，感觉皮肤粗糙的人可以使用乳液。

另外，面霜中的油分含量比乳液多、质地厚重，锁水能力更胜一筹。之所以感觉面霜比乳液更加黏腻，就是因为面霜中的油分比例较高。

用了面霜之后，觉得黏腻的人，可以只使用乳液。

乳液和面霜的不同

乳液	面霜
油分较少	油分较多
水分较多	水分较少
补水	锁水
清爽	厚重

美白、防晒……乳液有很多种类，该选择哪种呢

请选择含有保湿成分的乳液提高屏障功能

　　乳液有很多种类。比如含有保湿成分的保湿乳液；兼具保湿和防晒功能、可用作妆前打底的防紫外线乳液；自带颜色，在给皮肤补水的同时，还能让皮肤看上去明亮通透的润色乳液；帮助爽肤水和精华吸收的导入型乳液等。如果只是用于日常护理，我建议大家选择含有保湿成分的乳液或导入型乳液。乳液中如果含有能够锁住水分的神经酰胺、包裹住水分不让其逃跑的玻尿酸等保湿成分，可以有效改善皮肤干燥的问题。

　　另外，还有添加了美白成分和弹性成分的乳液。含有美白成分的乳液可以抑制黑色素生成，促进黑色素代谢，从而预防色斑形成。比如，含有维生素C衍生物的乳液就有助于美白淡斑。但是，选择这类乳液时，请先确认其是否含有充

足的保湿成分。

含有弹性成分的乳液可以缓解皱纹、皮肤松弛的问题。

除此之外，我们也可以根据季节和皮肤状况使用不同的乳液。皮脂分泌较多的夏天可以使用清爽型的乳液，冬天则使用油分较多、比较黏稠的乳液。总之，请根据自己的皮肤状态，选择合适的乳液吧。

▎需要确认的乳液成分

保湿成分	调节皮肤的水油平衡。 例如，神经酰胺、玻尿酸、类肝素等
弹性成分	有助于收缩毛孔、让皮肤变得柔软滋润。 例如，胶原蛋白、维生素A衍生物等
美白成分	可以抑制黑色素的生成。适用于有皮肤暗沉、色斑困扰的人。 例如，熊果苷、曲酸、维生素C衍生物等

怎么涂抹乳液才能避免黏腻

为了促进皮肤的吸收
请用手心捂暖乳液
后再涂抹

乳液要从脸部的中间向外侧轻轻按压着涂抹。尤其是干燥的眼周和嘴角，可以多涂抹几次，补充油分。

▌不会产生黏腻感的乳液涂抹方法

1 将乳液倒在手上

如果是压泵式的乳液，就按压一次，其他类型的乳液，则取1元硬币大小的量，置于手掌上。

2 用双手捂热

为了使其更好地被皮肤吸收，用手捂热后再涂抹于脸部。

③ 从U区开始涂抹

慢

从脸部的中间向外侧，用手按压着推抹开。

④ 涂抹T区

接着涂抹皮脂较多的T区。这个部位薄涂即可。

容易干燥的眼周也要细致地护理

⑤ 眼周和嘴角，多涂几次

轻轻地

容易干燥的眼周和嘴角，需要多涂几次。注意要用指腹轻轻地涂抹。

⑥ 促进全脸吸收

慢慢地

最后，轻柔地按压全脸，促进吸收。

轻柔地按压！

⑦ 乳液涂抹完成

乳液的成分为皮肤补水锁水，防止干燥！

皮肤变得软嫩、有弹性。接下来请再用面霜锁住水分。

为缺少皮脂的部位补充油分的 "面霜"

面霜的作用是利用油分锁住爽肤水和精华为皮肤补充的成分，不让其"逃"出去。涂抹面霜后，皮肤表面会形成一道膜，保护皮肤免受刺激，防止皮肤干燥。

用乳液护理过后，可以不用面霜吗

视年龄和肤质而定，如果皮肤缺少油分，最好还是使用

我在前文也讲解过了，乳液和面霜的区别就在于水分和油分的比例。

面霜的油分比乳液多，质地大多比较厚重，滋润感比乳液强。面霜的作用是补充油分、修复皮脂膜，将化妆水和精华补充的水分和其他有效成分锁在皮肤内，不让它们流失。

这样一来，不仅可以让皮肤不再干燥，还能增强皮肤抵御外部刺激的能力。

皮脂量充足的人，或者原本就皮脂分泌过剩、容易出油的人，可以不涂抹面霜，只用乳液补充油分。不过，四十多岁或是干性皮肤的人的角质层细胞缺水，就连皮脂分泌也会下降，导致皮肤容易干燥。此时，就需要先用乳液补充油分，再用面霜进行保护。因此，我们需要根据自己的皮脂分泌情况来选择是否使用面霜，或是否局部使用。

另外，面霜的使用方法也受季节的影响，比如干燥的冬天可以用面霜护肤，夏天则可以使用乳液等。请大家根据自己的皮肤状态，自行做出调整。

像啫喱这种质地轻盈的 面霜保湿力就低吗？

有些人皮肤缺少油分，光靠乳液补充不够，但又不喜欢面霜的黏腻感。那么，我建议大家使用质地轻盈的啫喱状面霜。虽然是啫喱状的，但保湿效果也很好。可以根据季节，区分使用。

涂抹面霜时需要揉搓吗

不可以**揉搓**，
动作要**轻柔**

　　为了促进面霜中油分的吸收而揉搓皮肤，会对皮肤产生刺激，造成暗沉。请通过轻柔地按压来促进吸收。如果眼周和嘴角比较干燥，就多涂抹几次。

▎均匀的面霜涂抹方法

1 用手取适量面霜

面霜的用量要看产品的说明，如果未写明，则一般用1元硬币的大小即可。

2 用手捂热

为了使其更好地被皮肤吸收，先用手将面霜捂热。

③ 涂抹U区

先涂抹U区。用指腹从脸颊向太阳穴的方向轻柔地推抹开。

④ 涂抹T区

T区皮脂较多，薄涂即可。

⑤ 眼周和嘴角，多涂几次

容易干燥的眼周和嘴角，需要多涂几次。请用指腹轻轻地涂抹。

⑥ 颈部也要护理

按压吸收

从下颌线下方到颈根之间，也需要涂抹面霜。

颈部皮肤较薄，容易干燥，所以必须用面霜做好保湿工作！

⑦ 保湿做到位了，有助于皮肤变得很平滑

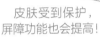

皮肤受到保护，屏障功能也会提高！

利用面霜中的油分将各种有效护肤成分锁住。

提高渗透力的
"肌底液"

肌底液又被叫作导入液、导入精华，在洁面后、涂爽肤水或精华前使用。使用肌底液有助于让皮肤表面变得平滑，提高爽肤水、精华等的渗透力。

肌底液的作用是什么

提高后续爽肤水、精华的渗透力

如果发现自己明明是按照基本的护肤步骤护肤的，却出现了妆容不服帖、皮肤干燥、粗糙等问题，那么不妨试试使用肌底液。肌底液是用于洁面后、爽肤水前的护肤品，它的英文原名为boost，有提升、提拉的意思，但是它的基础功能是帮助爽肤水、精华中的成分渗透皮肤。

虽说都是帮助后续产品渗透皮肤，但不同种类的肌底液作用于皮肤的原理是不同的。有的肌底液是通过油分软化角质层，从而促进吸收；有的是通过去除多余角质来帮助渗透；还有的则是通过松解角质层，为后续护肤品渗透搭建路径。总之，肌底液的主要作用就是提升后续护肤的效果。

肌底液的种类

油类	精华类	角质护理类
含有很多油分	含有很多保湿、美白等美容成分	去除多余角质
质地黏稠	啫喱状或质地黏稠	质地轻盈
适合干性皮肤	适合中性皮肤	适合油性皮肤

＼ 涂抹时要注意 ／

涂抹肌底液时也不可以揉搓，要轻柔地按压。这样才能提高后续爽肤水、精华的渗透力。

⑧ 提高皮肤含水量的 "贴片面膜"

贴片面膜可以为皮肤的角质层补充充足的水分，抑制多余的皮脂生成。使用时请注意方法，不要敷太久，也不要在泡澡时敷。

贴片面膜可以用作夜间的特殊护理吗

建议用作早上妆前的
特殊护理

一般贴片面膜上都含有很多美容成分，因此很多人会选择在晚上用它来进行特殊护理。但是，我认为晚上敷面膜有点浪费，如果时间允许，最好早上敷。

贴片面膜最大的功效是给角质层补充充足的水分。角质层"喝饱水"后，皮肤就会变得饱满、有光泽，让整个人看上去明亮有光。水分充足之后还有一个好处，就是可以抑制皮肤分泌多余的油脂。如果早上需要化妆出门，那在妆前先贴片面膜给皮肤补足水分，可以让妆容更加服帖，还能防止脱妆。

另外，你会让面膜在脸上贴多久呢？敷面膜的时间如果超过了规定时长，皮肤就会膨胀，具有锁水功能的角质细胞间脂质会不断流失，反而导致皮肤干燥。

除此之外，我也不建议大家在泡澡时敷面膜。你可能觉得泡澡时毛孔打开，有利于美容成分的渗透。但事实是泡澡时毛孔不会打开。反而会由于出汗，导致面膜上的美容成分和汗液混杂在一起，难以渗透进角质层。皮肤经常长痘发炎的人若总是长时间敷面膜，或在浴缸里敷，容易进一步刺激皮肤，应尽量避免。

▌贴片面膜的敷法

将面膜完全展开，轻轻地敷在脸上。产品说明中规定的时间一到，就立即揭下面膜，进行保湿护理。

1 展开面膜

用干净的手取出面膜，并完全展开。

2 敷在脸上

轻柔地敷在脸上。注意不要拍打或揉搓。规定时间一到，立刻揭掉。

错误的使用方法	·敷面膜时间超过规定时间 ·泡澡时敷面膜 ·揭下面膜后，不做保湿护理

⑨ 具有护肤功效的 "粉底"

粉底是化妆的基底，可以修整皮肤表面，让皮肤看上去没有瑕疵。有些粉底还蕴含保湿成分或具有防晒效果，以此保护我们的皮肤。

粉底只有美化皮肤的作用吗

除了美化皮肤外，还可以保护皮肤

粉底是妆容的基础，它可以修整皮肤表面，遮盖肤色不均、色斑等瑕疵，让皮肤看上去更美丽。但粉底的作用不止于此。

粉底可以理解为另一层皮肤，帮助皮肤阻隔白天大气中的污染物。有的粉底还蕴含保湿成分或美容成分，有助于皮肤保湿，防止干燥。

但是，粉底如果一直留在脸上，就会和皮脂、汗液混在一起，在皮肤表面发生氧化，导致脱妆，使皮肤变得粗糙。

因此，需要长时间持妆时，最好先清洁皮肤并做好保湿工作，再涂粉底。另外，睡前请一定要做好卸妆工作。

添加了精华的粉底
相继登场

现在，市面上有很多添加了精华的粉底，旨在让粉底在脸上时也能进行护肤。添加了精华的粉底产品比普通的粉底蕴含更多精华成分，其中甚至还有50%的内含物都是精华成分的粉底。虽说都添加了精华，但精华成分的功效、含量以及质地有所不同，因此需要根据自己的皮肤状态加以选择。

不过，仅靠粉底中添加的精华是无法给皮肤带来充足水分的。这就需要我们在上粉底前先做好护肤工作，把粉底当作辅助美容即可。

涂了粉底后，请一定要在睡觉前用卸妆油等将其卸干净！

请教我正确涂抹粉底液

从脸上面积较大的部位
开始向外侧快速涂抹

用指腹轻轻地从脸的中间向外侧推展。不要将粉底倒在粉扑上，而是挤在手心，然后用手指蘸取推开，均匀地涂抹全脸。

均匀的粉底涂抹方法：粉底液

① 将粉底液挤在手上

在手掌上挤适量粉底液。用量请参考每种产品的使用说明。

② 点在脸颊凸起的部位

用指腹轻轻地从脸颊凸起的部位向太阳穴推开。

③ 涂抹其他部位

轻

其他部位则是从脸的中间向外侧推开。不要揉搓，轻轻按压着推开即可。皮脂较多的鼻子，需要薄涂。

④ 用粉扑抹匀

用粉扑拍打抹匀。这样不仅可以让粉底涂抹得更均匀，还能吸附多余的油分。鼻翼和眼周处，则用粉扑的边角轻轻按压。

⑤ 用散粉修整

将散粉均匀地扑在脸上。从上往下扑散粉可以防止出油和晕妆。

⑥ 底妆完成！

检查一下有没有残留的粉底液

皮肤平整度增加了，肤色也提亮了！

为了不让底妆显得厚重，尽量避免添补粉底液，用粉扑推抹均匀即可！

重要的美容建议

让脸更显小的隔离霜涂抹方法

没有证据显示按摩能长久地瘦脸，但是掌握隔离霜的涂抹方法，也能让脸看上去小一点。

友利老师的独门秘技！

如果你想要让脸看上去小一点或是提亮肤色，那就在BB霜※或隔离霜的涂抹方法上下点功夫吧！还能防晒，一石二鸟！

1 将BB霜点在下颌线附近

将BB霜或隔离霜点在下颌线附近。

2 用粉扑拍打

沿着下颌线用粉扑均匀拍打。

3 在脸颊凸起部位涂抹高光粉

在脸颊凸起部位、鼻梁等处涂抹高光粉，可以提亮肤色。

4 脸看起来变小了！

即便不涂粉底或修容粉，也可以只用BB霜或隔离霜打造出具有立体感的妆容。

※BB霜：保护、修复皮肤损伤时衍生的化妆品，具有隔离、防晒的功能。

第 3 章

皮肤的结构、表皮更新……

"完美的皮肤"和"有瑕疵的皮肤"
差别在哪里?

需要了解的皮肤结构

了解皮肤的结构,可以帮助你掌握有关护肤
的基础知识,从而找到自己真正需要的护肤
品。为了让皮肤达到完美的状态,请好好了
解皮肤吧。

皮肤有什么作用

皮肤可以防止
有害物质和病原菌侵入，
保护身体

为了让皮肤达到完美的状态，我们首先需要了解皮肤的结构，本章我将对此进行详细的讲解。

我们非常熟悉皮肤，却鲜有人真正了解它的结构和作用。皮肤包裹在骨骼和肌肉的外面，充当着人体内部和外部环境的分界，能够阻止外界环境中的有害物质和病原菌侵入身体。除此之外，它还有防止体内水分流失的作用。

皮肤大致可分为外侧的表皮层、内侧的真皮层以及更深层的皮下组织3部分。

成人的全身皮肤面积大约有$1.6m^2$，若不包括皮下组织，皮肤厚度为1.5~4mm。皮肤中有多种细胞和组织，它们发挥着各种各样的功能。我们只有掌握了它们各自的特征，才能更好地护肤。

皮肤的结构

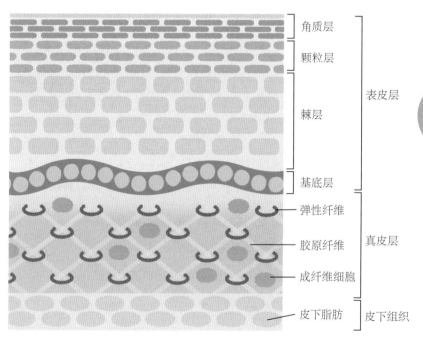

角质层
颗粒层
棘层   表皮层
基底层
弹性纤维
胶原纤维   真皮层
成纤维细胞
皮下脂肪   皮下组织

了解皮肤的结构
后，再将知识运用
到护肤中去吧！

具有保湿和屏障功能的"表皮层"

表皮层位于皮肤的最外层，为皮肤构建了可以防止外部刺激以及水分蒸发的屏障，保护皮肤内部。表皮层又由四层结构组成，从外向内，分别为角质层、颗粒层、棘层和基底层。其中大部分是由角质形成细胞及其分化的细胞构成。

角质层由10~20层角质细胞堆叠而成，和天然保湿因子、细胞间脂质等一起承担着屏障功能。

颗粒层位于角质层的下方，由2~4层扁平状的细胞构成。角质细胞从颗粒层转化为角质层的过程中开始逐渐形成天然保湿因子。

棘层由基底层分裂生成的棘细胞构成。棘细胞通过基底层，从真皮层内的血管、淋巴管吸收营养，供给皮肤表层营养。

基底层位于表皮的最下方，可以生成新细胞。产生黑色素、造成色斑的黑色素细胞也散布在基底层。

维持皮肤弹性的"真皮层"

　　不同的身体部位，其真皮层的厚度不一样，一般为1~1.5mm。真皮层可以说是皮肤的本体，和皱纹、松弛等皮肤问题密切相关。胶原蛋白和弹性蛋白这两种纤维状蛋白质呈网格状分布在真皮层内，网格又被包裹着水分的玻尿酸等物质填满，给皮肤带来弹性。

　　另外，真皮层中还有生成毛发的毛囊、分泌皮脂的皮脂腺、分泌汗液的汗腺以及血管、淋巴管等。

保护皮肤免受外部刺激的"皮下组织"

　　皮下组织位于真皮下方，是皮肤最深层的部位。厚度取决于皮下脂肪的量，一般在4~9mm。不同的身体部位、年龄、性别也会影响皮下脂肪的厚度。皮下组织主要由脂肪构成，具有缓冲作用，可以保护身体免受外部的刺激，也可以防止体温降低。

经常听到的表皮更新是什么意思

表皮更新即
皮肤的新陈代谢。
皮肤重生才能保持美丽

表皮更新是指皮肤的新陈代谢。我们的皮肤大约每个月就会重生1次，在位于表皮层最下方的基底层生成新的表皮细胞。表皮细胞会一边改变形状，一边不断向上移动，经过棘层、颗粒层，最后到达角质层，成为无核的角质细胞。角质细胞完成了保护皮肤的职责后，就会脱落，同时新的细胞会长出来代替旧细胞。这样的新旧细胞交替就叫作表皮更新。

皮肤的表皮更新周期为28~30天。但是，当表皮因为年龄增长或紫外线等原因无法正常进行更新时，角质层就会变厚、变硬，导致皮肤的保湿能力下降，变得干燥，进而形成色斑和皱纹。因此，表皮更新能否在固定的周期内完成，是皮肤保持良好状态的关键。

表皮更新的原理

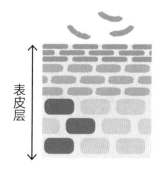

表皮层

在基底层生成新细胞。不断增殖的新细胞被不停地向上推送。

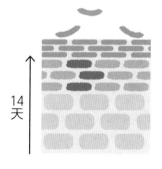

14天

新细胞经过14天到达角质层。期间相继分化为棘细胞、颗粒细胞，最后成为角质细胞。

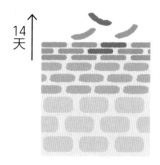

14天

又经过14天，角质细胞结束使命，化为死皮脱落。

纹理平整的皮肤是什么样的

是指没有坑坑洼洼的
平滑的皮肤

如果我们将皮肤放大，就可以看到凸起的皮嵴（皮丘）和下凹的皮沟。当皮肤纹理平整时，皮嵴会比较饱满，皮沟则深浅适中，两者宽度相同，形成排列整齐的规则三角形。这个三角形越小，纹理就越细，皮肤看上去就越细腻，摸上去也会非常平滑。相反，如果皮肤纹理杂乱，皮嵴和皮沟的宽度无法保持一致，皮肤表面就会变得粗糙，摸上去感觉硬邦邦的。因为皮肤表面处于僵硬的状态，皮肤还会变得暗沉，失去通透感，上妆也不服帖。

造成皮肤纹理杂乱的原因主要有摩擦、干燥和紫外线。除此之外，随着年龄的增长，皮肤会难以形成皮沟。这也是造成皮肤纹理杂乱的一个原因。为了打造细腻平滑的皮肤，我们在洁面和护理时应尽量避免摩擦皮肤，并做好充足的保湿工作。

▎角质层皮丘的状态

| 纹理平整的皮肤 | 纹理杂乱的皮肤 |

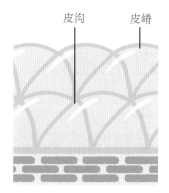

皮沟　　　皮嵴

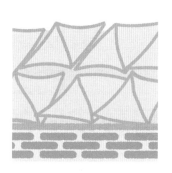

纹理杂乱的皮肤，
表面比较粗糙、
不平整，上妆也会
不服帖。

为什么皮肤会感觉干燥

角质层中的保湿成分不足，
导致皮肤的屏障功能下降

皮肤具有屏障功能，可以抵御外部环境的刺激。肩负起屏障功能的主要是位于表皮最外层的角质层。角质层内的角质细胞由角蛋白构成，它像砖墙一样排列着。为了加固这堵砖墙，神经酰胺等细胞间脂质会将角质形成细胞之间的缝隙填满，防止紫外线、细菌、病毒等从外部侵入。神经酰胺是一种细胞间脂质，它会和水分子形成一层一层交叠的层状结构，因此具有锁水功能。这个层状结构是完美皮肤的关键。当神经酰胺减少时，角质细胞容易脱落，层状结构也会变得紊乱，导致水分从中蒸发，同时让刺激性物质侵入皮肤。

另外，角质细胞中蕴含具有锁水功效的天然保湿因子，为皮肤锁住水分。但是，当包括神经酰胺在内的细胞

屏障功能下降时的皮肤状态

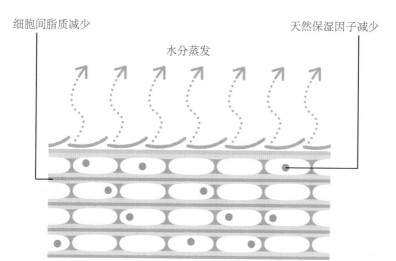

细胞间脂质减少

天然保湿因子减少

水分蒸发

间脂质、天然保湿因子因为年龄增长、紫外线、错误的护肤方法等原因减少时，层状结构会发生紊乱，导致角质层水分不足，皮肤变得干燥，同时还容易受到外部的刺激。当皮肤陷入这种状态时，人体为了保护皮肤，会加急生成原本需要28天才能形成的角质细胞。然而，这样加急生成的角质细胞是不成熟的，无法产生足够的保湿成分，从而导致角质层的锁水能力变弱，皮肤因此变得干燥。为了修复这个问题，人体又会开始制造不成熟的角质层，形成恶性循环。皮肤的屏障功能因此减弱，导致皮肤表面容易变得干燥、粗糙。

错误的护肤也会导致皮肤干燥，比如因为皮肤油腻而过度清洁，结果将皮肤所必需的皮脂也一并洗掉等。因此，请不要过度清洁，正常洁面后也一定要做好保湿工作。

洁面后要用爽肤水和乳液做好保湿工作！

爽肤水

乳液

慢慢地

用手轻轻按压吸收。

容易干燥的眼周等部位，也要充分保湿。

▌造成皮肤干燥的原因

过度清洁
因为皮脂多而过度清洁，结果将天然保湿因子、神经酰胺等保湿成分也一并洗掉了。

紫外线
受紫外线的影响，皮肤屏障功能下降，变得容易受刺激。

年龄增长
表皮更新周期紊乱或衰退导致神经酰胺、天然保湿因子不断减少。

特应性体质等
皮肤生成保湿成分的能力天生较弱。

湿度低
开着空调的室内或冬天，空气比较干燥、湿度较低，导致皮肤流失水分。

涉及各种因素。

第3章

为什么感觉最近皮肤失去弹性了

皮肤中的弹性成分
因年龄增长或紫外线的
伤害正在流失

皮肤不饱满、容易有睡痕且不易恢复……造成这些问题的原因是皮肤弹性正在逐渐下降。皮肤的弹性是由位于表皮层下方的真皮层、皮下组织和肌肉维持的。

负责让皮肤保持弹性的胶原蛋白和弹性蛋白这两种纤维状蛋白质由真皮层内的成纤维细胞生成，并呈网状分布在真皮层。

胶原蛋白是蛋白质的一种，占了真皮层重量的70%。胶原纤维横竖交错，交织成网。但是过了40岁后，皮肤生成胶原蛋白的能力就会呈现断崖式下降。除此之外，紫外线照射等也会导致胶原蛋白老化、流失，造成皮肤松弛、出现皱纹。

弹性蛋白也是由成纤维细胞生成的蛋白质，在真皮层的占比只有2%。弹性纤维能将胶原纤维之间的缝隙缝起来，紧紧缠绕着胶原束，将其固定在一起。弹性蛋白也会因为紫外线的影响或年龄的增长而发生变化，造成皮肤松弛、出现皱纹。

　　皮肤失去弹性的主要原因就是真皮层内的这两大弹性成分受到了损伤或衰退。因此，为了保护胶原蛋白和弹性蛋白，同时也为了让皮肤恢复弹性，必须做好防晒措施。护理皮肤时，也要注意不伤害胶原纤维。

第3章

富有弹性的皮肤和失去弹性的皮肤

富有弹性的皮肤	失去弹性的皮肤

失去弹性，皮肤变得松弛，出现皱纹

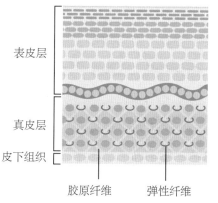

表皮层
真皮层
皮下组织

胶原纤维　　弹性纤维

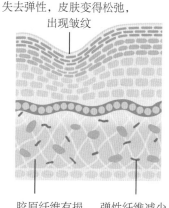

胶原纤维有损　　弹性纤维减少

109

紫外线能到达皮肤的哪一层

UVA可以到达真皮层，导致皮肤失去弹性，变得松弛，出现皱纹

　　紫外线是所有皮肤问题的影响因素之一。紫外线中有紫外线A波（UVA）、紫外线B波（UVB）和紫外线C波（UVC）。波长最长的是UVA，其次是UVB，UVC会被臭氧层吸收，不会到达地面。因此，我们说的防紫外线措施主要是针对UVA和UVB的。

　　UVA占了紫外线的95%，且波长最长，经过长时间照射后，UVA会到达皮肤的真皮层，破坏真皮层内的胶原纤维和弹性纤维。UVA波长较长，因此即便是阴天，在室内或车内，它也能到达皮肤深处。这就是有些人明明不出门，却还是长色斑的原因。真皮层遭到破坏后，皮肤就会失去弹性，出现松弛和皱纹。因此，UVA是我们需要着重警惕的对象。

我的脸部 "MAP"

检查皮肤状态和皮肤问题，
找到独属于你的护肤方案！

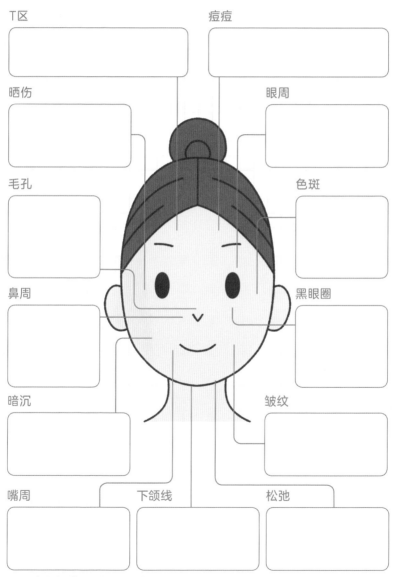

T区

痘痘

晒伤

眼周

毛孔

色斑

鼻周

黑眼圈

暗沉

皱纹

嘴周

下颌线

松弛

请参考《护肤真相》中第7到第10页的内容，制作自己的脸部MAP吧！

UVB只占紫外线的5%左右，且波长没有UVA长，不会到达真皮层。但它会到达表皮层，引发皮肤炎症。日晒后，皮肤变红（红斑）的罪魁祸首就是UVB。不仅如此，它还会促进黑色素生成，让皮肤形成色斑。

尽管皮肤具有屏障功能，但长时间照射后，两种紫外线都会到达皮肤深处，引发各种皮肤问题。因此，防紫外线是护肤过程中特别重要的一步。

＼ **防晒霜可以有效** ／
防止紫外线伤害！

防晒

防晒霜要一点一点地涂抹均匀。

▌UVA和UVB的区别

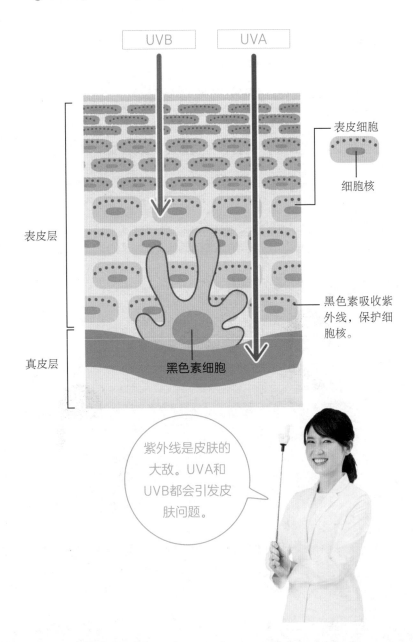

UVB　　　UVA

表皮细胞

细胞核

表皮层

黑色素吸收紫外线，保护细胞核。

黑色素细胞

真皮层

紫外线是皮肤的大敌。UVA和UVB都会引发皮肤问题。

紫外线A波（UVA）的特征

· 占了紫外线整体的约95%。

· 可以激活黑色素细胞，生成黑色素。

· 可以到达真皮层，引发松弛和皱纹。

· 可以穿透云层和玻璃窗。

· 可以氧化已经生成的黑色素，令其更黑、更浓。

紫外线B波（UVB）的特征

· 主要伤害表皮层。

· 引起晒伤的能力是UVA的600~1000倍。

· 引发红斑（炎症），数日后，令皮肤变黑，形成色斑。

为什么临近生理期时容易长痘

受黄体酮的影响，
皮脂分泌变得旺盛

激素有生长激素、肾上腺皮质激素等等。其中，对女性至关重要的是雌激素和黄体酮。这2种激素的分泌量都和女性生理期有关。

雌激素有促进胶原蛋白生成、美化皮肤，促进女性第二性征发育，增厚子宫内膜、为妊娠做准备等作用。雌激素的分泌量会随着年龄的增长而发生变化。女性十几岁时，雌激素开始增长，在性成熟的20~40岁期间达到顶峰后开始逐步减少。到了45岁，进一步减少，进入更年期后，雌激素还会分泌紊乱，引发女性的各种不适症状。

与此相对，黄体酮具有锁住体内水分、提高体温、维持子宫内膜柔软的作用。因为功能和雄性激素（睾酮）很相似，所以还会促进皮脂分泌。

月经前的2周被称为黄体期。在此期间，黄体酮的分泌优先于雌激素，所以皮脂分泌会变得旺盛，容易造成毛孔堵塞。这就是为什么月经前容易长痘的原因。

另外，患有经前期综合征（PMS），月经前会下腹疼痛、焦躁、抑郁的人，在黄体酮的作用下，容易滋生促进痘痘增长的痤疮丙酸杆菌，从而引发长痘。

我建议大家在黄体期或月经前尽量避免吃脂肪较多的食物，并认真洁面，做好保湿工作。这个时期化妆时，最好不要化浓妆，底妆可以使用刺激较少的粉饼。

月经开始后的6~12天叫作卵泡期，月经开始后的13~15天叫作排卵期。在这2个时期，雌激素的分泌会达到顶峰。雌激素有助于提高皮肤的含水量，促进胶原蛋白的生成，因此在此期间，女性总能感觉到自己的皮肤的状态很好，精神也比较稳定。如果想尝试新的护肤品，可以在这个时间段尝试。

雌激素会随着年龄的增长而减少，也会对皮肤状态产生影响。

雌激素分泌量的变化

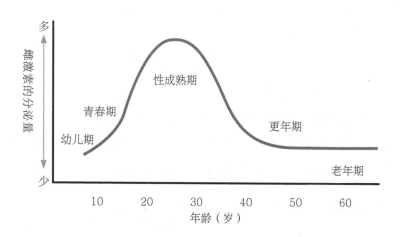

月经周期和激素变化

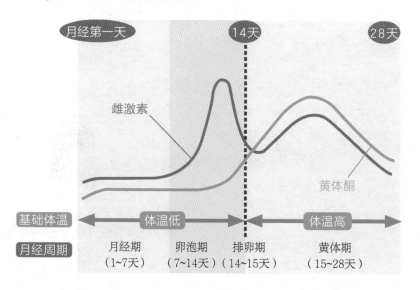

▍月经周期内不同时期的护肤建议

黄体期、月经期

◉皮肤会变油、长痘痘

◉认真洁面，充分保湿

◉避免油腻的饮食

卵泡期、排卵期

◉皮肤滋润，可以尝试新的护肤品

◉可以尝试刷酸或使用含有维生素C衍生物的护肤品

掌握自己的月经周期后，灵活运用到护肤中来吧。

为什么压力大会引发皮肤问题

因为体内会
生成活性氧，
加速皮肤老化

人际关系、工作压力等是我们生活中常见的压力来源。人或多或少都会有压力，但是有时候，这种压力会引发皮肤粗糙、长痘等问题。我们身体的脏器功能和体温是由自主神经来调节的。自主神经又分为交感神经和副交感神经2种，分别发挥着"油门"和"刹车"的作用。

作为"油门"的交感神经，在人体的活跃时段工作。当人受到外部的刺激时，交感神经会促使身体收缩血管，激活心脏和身体的机能。与此相对，作为"刹车"的副交感神经则是在睡眠期间或放松的时候占据主导地位。它会舒张血管，让心跳减慢、平缓下来。通常情况下，这2种神经处于平衡状态。但当受到压力时，为了缓解压力，交感神经会占据主导地位，收缩血管、抑制肠胃功能。这种状态如果一直持续，皮肤就无法获得充足的营养，导致表皮更新周期紊乱，皮肤屏障功能下降。

为了对抗压力，身体还会分泌肾上腺皮质激素，以调节所有与维持身体机能相关的新陈代谢。但与此同时，体内还会生成活性氧。活性氧可以攻击侵入体内的病毒和细菌，但同时也会氧化、伤害健康细胞。

因此，压力大会造成自主神经紊乱和体内活性氧过度增加，进而氧化细胞，加速皮肤老化。

交感神经和副交感神经的作用

紧张兴奋	交感神经		副交感神经	放松
	加快	心跳	减慢	
	上升	血压	下降	
	变缓	肠道蠕动	活跃	
	增加	发汗	减少	
	紧张	肌肉	松弛	

为什么男性的皮肤看上去更坚韧

男性的皮脂分泌量和女性不同，男性的皮肤也容易受损

男性皮肤和女性皮肤的差异在于皮肤中皮脂和水分的比例以及角质层的厚度不同。首先，在皮脂和水分的比例方面，男性受雄性激素的影响，从青春期开始分泌的皮脂量就比较多，成年男性皮脂分泌量大约是成年女性的2倍，但皮肤中的水分却只有女性的30%~50%。除此之外，男性皮肤的锁水力弱，水分蒸发量高达女性的2倍。因此，男性皮肤一般都很干燥。

另外，男性的角质层比女性的厚，所以容易纹理粗大、毛孔明显。

你可能会觉得男性的皮肤不易受损。但实际上，男性更容易出现外油内干的情况。而且随着年龄的增长，皮脂分泌量也会逐渐减少，皮肤会因此变得异常干燥。

男性需要根据年龄，控制皮脂分泌，补充适量的水分和油分。

另外，男性和女性不同的生活习惯也会给皮肤带来不同刺激。很多女性每天都要化妆，这会让皮肤受到粉底、卸妆产品的刺激或摩擦。而男性则是在剃须时容易受到大的损伤。每次剃须，皮肤都会因为摩擦受到伤害，皮脂也会被一并刮掉，因此刮完后一定要进行保湿护理。

男性和女性都要进行保湿护理！

女性皮肤和男性皮肤的区别

女性
男性

· 容易干燥，不耐摩擦
· 水分含量多

· 容易外油内干
· 皮脂量多

重要的美容建议

红血丝脸的护理方法

如果你的脸颊或鼻翼处一年四季都有红血丝，那你就属于"红血丝脸"。红血丝脸有2种类型，第1种是脂溢性皮炎，这是一种慢性炎症性皮肤病，一般需要药物治疗，日常护肤时，要使用控油的护肤品，或用含有神经酰胺的护肤品进行充分保湿。第2种是毛细血管扩张症，皮肤下面布满了毛细血管，血管在正常情况会通过反复地扩张和收缩，推动血液运行。但是，患有毛细血管扩张症时，毛细血管会因为某种原因一直处于扩张的状态，导致血管内血流增加，皮肤变红。而且，脸部的毛细血管集中在鼻翼和脸颊处，所以这两个地方最容易泛红。不管是哪种类型，都必须做好充分的保湿工作，并且不可以揉搓、不可以刺激皮肤。

脂溢性皮炎和毛细血管扩张症只依靠平日的护理是无法得到改善的。如果有这2种情况，请及时去皮肤科就诊，通过外敷药、内服药或激光尽早治疗。

第 4 章

保湿成分是什么？
哪种美白成分比较好？

不再迷茫，找到最适合自己的护肤品！
美容成分的鉴定方法

护肤品的成分日新月异。每年市面上都会涌
现各种各样添加了新成分的产品。面对琳琅
满目的护肤品，你是否知道该如何选择呢？
不要被产品迷惑了双眼，掌握各种成分的原
理、功效，而不是单纯地记住名字，就能帮
助你找到最适合自己的护肤品！

同类护肤品对比，
医药部外品是不是效果更好

医药部外品中添加了一定浓度的日本厚生劳动省认可的有效成分，不过有时候非医药部外品反而更有效

很多人在日本购买护肤品时会看到标有医药部外品①的产品，有些人可能会觉得既然写着"医药"二字，效果应该就不错吧。

但是，你知道"医药部外品"是指什么样的产品吗？

---

① 日本的一种法定分类产品，指介于化妆品和药品之间，具有某种预防疾病或促进健康作用的产品，但不像药品那样需要严格的临床试验来证明其效果。在日本购买护肤品时可留意此标记。——编者注（若无特殊标注，后文均为编者注）

根据日本厚生劳动省制定的药机法①，一般的护肤品可分为"医药品""医药部外品"和"化妆品"三种，它们的目的、效果、功效以及是否需要标注等规定都不尽相同。"医药品"的目的在于治疗疾病，"医药部外品"的目的在于预防、改善，"化妆品"的目的则是清洁、美化等。因此，添加了功效成分的"医药部外品"可以标注如"能防止色斑、雀斑生成"这样的文字，但"化妆品"不可以有这些标识。

　　从功效角度来说，如果只听它们的名字，你可能会觉得医药品的功效最强，其次是医药部外品，最后是化妆品，但实际未必如此。

　　尤其是"医药部外品"和"化妆品"，哪个效果更好不能一概而论。"医药部外品"中添加了规定浓度的有效成分。这种有效成分是受到日本厚生劳动省认可的，具有一定的保障。但是，"化妆品"中可能会添加浓度高于厚生劳动省规定的有效成分，或者企业自主研发的成分。因此，有些产品可能会因为成分的浓度和质量都高于"医药部外品"指定的标准，而选择不注册为"医药部外品"。

　　因此，购买日本的护肤品时，查看某种产品后是否适合自己的皮肤比它是否为"医药部外品"更为重要。请了解各个产品的异同后，根据自己的肤质和需求，选择合适的产品。

---

① 确保医药品和医疗器械等的品质、有效性以及安全性的相关法律。

医药品、医药部外品、化妆品的区别

医药品

以治疗、预防疾病为目的的药品。产品中添加了功效受日本厚生劳动省认可的有效成分，主要包括医生开的处方药和药店、医院等均有售的非处方（OTC）药品。

有效成分：被日本厚生劳动省认可为医药品的成分。

医药部外品

以预防、改善为目的的产品，对人体的作用比较温和。产品中添加了规定浓度的有效成分，其功效受到了日本厚生劳动省的认可。可以在产品上标注"预防色斑、雀斑""预防痘痘""改善皮肤粗糙"等功效标识。

有效成分：被日本厚生劳动省认可为医药部外品的成分。

化妆品

以清洁、美化、保健为目的的产品。根据日本药机法的规定，不能标注除上述功效以外的功效。对人体的作用一般比医药部外品温和。

有效成分：企业自主研发的成分。

关于效果和功效

化妆品的功效未必不如医药部外品！

什么是药用化妆品？

　　药用化妆品（药妆）虽然写着药用，但并不是用于治疗的药品。这类化妆品为了实现预防皮肤粗糙、痘痘等特定目的，添加了功效受到日本厚生劳动省认可的有效成分。其中有些产品既是医药部外品，又是化妆品。

第4章

▌大致的分类

化妆品	药用 化妆品 ※非医药品	医药 部外品

关于产品功效，最好根据自己的皮肤状态来确认！有些化妆品的质量会比医药部外品和药用化妆品高！

127

如何知道什么样的成分适合自己

不要只关注成分，
要根据使用后的皮肤状态
加以判断

护肤品的包装上通常都写着胶原蛋白、玻尿酸等各种各样的成分。每种成分似乎都可以发挥不错的效果。我想大家一定都想知道，到底哪种成分最适合自己的皮肤呢？

答案很简单。每种成分都对皮肤好，选择哪一种都可以。你可能会觉得这个回答很敷衍。但事实是，成分在不断升级，每年都有添加了新成分的护肤品上市。在这种情况下，即便现在记住了各种成分的相关信息，也会很快过时。另外，有些成分不仅可以保湿，还有助于收缩毛孔，功能不止一种。皮肤问题和有助于改善这个问题的成分并不是一对一的关系，因此，只辨识护肤品里的成分是没有意义的。

选择护肤品时，比起成分，更重要的是实际使用过后它是否适合你的皮肤。

　　不过，我知道还是有很多人想要了解神经酰胺、维生素C衍生物等经常在护肤品和化妆品包装上出现的代表性成分，因此，我会在下一页具体讲解这些成分。

　　另外，想切实感受到某种护肤品的效果，至少需要用完1瓶。因此，我建议大家首选一种自己感兴趣的产品试试，也可以在护肤品柜台向店员申领试用装。

护肤品和化妆品中
添加的成分每年
都会更新。只需掌握
下一页的代表性
成分即可！

具有代表性的护肤成分

维生素C衍生物	维生素C是美容的代名词。但是，不做任何加工的话，它很难被皮肤吸收。维生素C衍生物是维生素C改变形态后的产物，容易被皮肤吸收。它除了祛痘外，还有祛斑、紧致皮肤等功效。
氨甲环酸（传明酸）	一种美白成分。具有抑制前列腺素分泌，减少其刺激黑色素生成的功效。经常被用于治疗黄褐斑。
视黄醇	可以增加表皮层水分，也可以作用于真皮层，促进胶原蛋白的生成，从而预防和改善皱纹。
烟酰胺	又叫尼克酰胺，是B族维生素的一种。在表皮层，它会阻断由黑色素细胞生成的黑色素向表皮细胞转移。在真皮层，它会促进胶原蛋白合成。因此，它既有美白功效，又能改善皱纹。
Niruwan	已获得日本厚生劳动省认证，成为一种可以明确写上"具有改善皱纹功效"的医药部外品的有效成分。可以抑制生成皱纹的中性粒细胞弹性蛋白酶的活性。

神经酰胺	一种细胞间脂质，可以使角质层中的角质细胞紧紧结合在一起。它在表皮细胞内生成，通过锁住水分来为皮肤保湿。神经酰胺的来源有很多种类。其中，人型神经酰胺的结构和人体皮肤中的神经酰胺最为接近，有助于提高皮肤屏障功能。除此之外，化学合成的类神经酰胺也可以发挥和人体皮肤内的神经酰胺相似的功效。
富勒烯	完全由碳组成的球状分子。抗氧化能力强，持续时间长，可以防止紫外线伤害细胞。经常被用来改善皱纹和毛孔。
人体干细胞培养液	培养从人体皮下脂肪采集的脂肪干细胞时形成的培养液。里面虽然没有干细胞，但含有各种分泌物，具有美肤功效。
胶原蛋白 （胶原纤维）	一种可以形成纤维状结构的蛋白质。位于真皮层内，具有维持皮肤弹性、包裹水分子的作用。会受紫外线和年龄增长的影响不断减少。
Rice Power®No.11	一种可改善皮肤锁水能力的医药部外品的有效成分。能生成神经酰胺。

神经酰胺? 玻尿酸? 保湿成分太多了, 不知道该选哪个

各种保湿成分
锁住水分的方法
是不同的

保湿产品大致可分为2类。第1类叫作润肤剂,会在皮肤表面形成一层类似膜的物质,抑制水分蒸发,凡士林和蜂蜡就是这一类的代表性产品。第2类叫作保湿剂,具有增加角质层水分或锁住水分的功效,其中一般含有神经酰胺、玻尿酸等成分。

对于皮肤保湿而言,这2类产品都非常重要。

另外,我们经常可以在护肤品的包装盒上看到神经酰胺、玻尿酸、胶原蛋白等成分名称。这些成分的锁水方法也各不相同,可以分为3类。

第1类是以神经酰胺为代表的"夹住水分"型。神经酰胺是一种细胞间脂质,会像三明治一样将水分夹在中间,

同时又将角质细胞紧紧结合在一起。因此可以防止水分蒸发。这种类型的成分锁水能力是较强的。

第2类是玻尿酸、胶原蛋白这类"裹住水分"型。这些成分原本就存在于真皮层中，但护肤品中的这些成分不会被真皮层吸收，它们会裹着水分，停留在角质层来为皮肤保湿。锁水能力不如神经酰胺。

第3类是天然保湿因子这类"抓取水分"型。这种成分具有吸收水分的性质，若我们处于湿度较低的环境中，其保湿力就会下降。锁水能力比神经酰胺低。

我建议皮肤特别干燥的人使用神经酰胺。不过，这些成分对皮肤都很友好，请根据自己的皮肤状态自主选择吧。

主要的保湿成分种类

凡士林是
润肤剂的成分。

润肤剂
像膜一样，具有抑制水分蒸发的作用

角鲨烷	烃类油脂，对皮肤有较好的亲和性，可以在皮肤表层形成保护膜，抑制水分蒸发。
霍霍巴油	以霍霍巴的种子为原料制成的植物油。是一种酯类油，可以很好地保护皮肤。
乳木果油	一种植物性油脂，常温下呈固态。可以抑制水分蒸发，让皮肤变得平滑。

干燥的表现不只有粗糙

为了让皮肤不干燥，有时候皮脂分泌会变得很旺盛。最常见的情况就是T区油腻，但脸颊上的皮脂却不多。这时人们往往会疏于保湿，造成皮肤愈加干燥，毛孔粗大，纹理变粗。遇到这种情况时，做好全脸的保湿工作是重要的，请用清爽型的保湿产品护理油腻的部位，其他部位则用质地浓厚的保湿产品护理。

保湿剂

增加角质层的水分。将水分裹住直抵角质层。

夹住水分型

神经酰胺	细胞间脂质的一种，具有将角质层中的角质细胞紧紧结合在一起的作用。它还会夹住水分，不让其蒸发，防止皮肤变得干燥。
鞘脂	水解产物为神经酰胺和磷酸胆碱，和神经酰胺一样，具有夹住水分的作用。

裹住水分型

玻尿酸	位于真皮层的胶状物质，能蓄积相当于自己质量200~600倍的水分，具有维持皮肤水分的作用。会随着年龄的增长不断减少。
胶原蛋白	真皮层的主要成分，具有维持皮肤弹性，不让水分流失的作用。护肤品中的胶原蛋白无法被真皮层吸收，但可以在角质层内为皮肤保湿。
弹性蛋白	在真皮层内，将胶原纤维捆绑固定在一起。具有保湿功效，也是护肤品的主要添加成分之一。
类肝素	这种成分与人体肝脏生成的一种糖类——肝素类似。除了保湿之外，还有抗炎、促进血液循环的作用。常被用于药品中。

抓取水分型

天然保湿因子	主要成分有氨基酸、尿素等。存在于角质层中，具有锁水功能。在冬季等湿度较低的时候，保湿力会下降。
甘油	一种醇类，易溶于水，身体内也有甘油。因为其具有吸水性，因此一直被用作保湿产品。

什么样的产品能预防眼下长泪沟纹和嘴角长法令纹呢

建议选择可以
补充流失的弹性和水分的
护肤品

从内眼角向斜下方延伸的皱纹叫作泪沟纹。从嘴两侧向下延伸的皱纹叫作木偶纹，又叫法令纹。当皮肤失去弹性时，就会变得松弛，从而形成这些皱纹。皮肤的弹性是由真皮层负责维持的。但随着年龄的增长，以及干燥、紫外线等的伤害，真皮层内的胶原蛋白和弹性蛋白等弹性成分会不断减少，导致皮肤失去弹性，出现松弛和皱纹。

要想紧致皮肤，减轻皱纹，请使用含有可以促进胶原蛋白生成的视黄醇或维生素C衍生物等成分的护肤品吧。另外，也要做好充分的保湿和防紫外线措施，防止皮肤变得干燥。

增加弹性、光泽的主要成分

维生素C衍生物 （抗坏血酸棕榈酸酯、抗坏血酸磷酸酯系列、3-O-乙基抗坏血酸酯）	能更好地被皮肤吸收，到达皮肤深层。可以促进胶原蛋白的生成，从而预防皱纹和皮肤松弛。
视黄醇	可以增加表皮层的水分，也可以作用于真皮层，促进胶原蛋白的生成。具有改善和预防皱纹的功效。
棕榈酸视黄酯	是视黄醇（维生素A）的一种衍生物，可以促进表皮层玻尿酸的生成，提高水分含量。
烟酰胺	又叫尼克酰胺，是保持皮肤健康所不可或缺的一种B族维生素，具有促进胶原蛋白合成的功效。可以抑制黑色素生成，防止色斑。是一种已经获得认证的具有美白和改善皱纹功效的医药部外品的有效成分。
富勒烯	完全由碳组成的球状分子。抗氧化性强，持续时间长，可以防止紫外线伤害细胞。经常被用来改善皱纹和毛孔。
泛醌 （辅酶Q）	是一种为身体提供能量的、具有抗氧化作用的营养素。可以抑制由紫外线和压力造成的活性氧，常被用来预防皱纹。

想消除暗沉应该做怎样的护理呢

请使用
可以调节表皮更新周期
的护肤品

　　"暗沉"是指肤色看上去黯淡无光泽的状态。主要原因是血液循环不畅导致营养和氧气无法到达皮肤。除此之外，还有一个原因，就是表皮更新紊乱，导致老旧角质堆积，角质层变厚，皮肤纹理变粗，从而让皮肤看上去不通透。因此，要想消除暗沉，使用的护肤品中最好含有可以促进血液循环，或是可以去除角质的成分。另外，做完这一步护理后，一定要根据自己的皮肤状态做好保湿工作。

消除暗沉的主要成分

果酸

果酸（AHA）是一种常被用于皮肤刷酸的药品，包含乙醇酸、乳酸、苹果酸等。面膜、清洁型爽肤水、精华等中经常添加AHA。通过刷酸可以促进表皮更新，进而激活生成胶原蛋白的成纤维细胞。

视黄醇

可以增加表皮层的水分，也可以作用于真皮层，促进胶原蛋白的生成。具有改善和预防皱纹的功效。

蛋白酶

蛋白酶是可以水解蛋白质的酶，用于去除多余的角质，改善皮肤暗沉。主要用于酵素洗面奶。

生育酚

具有促进血液循环、改善皮肤暗沉的功效。

维生素C、熊果苷……
美白成分有很多，
该怎么选择呢

先试用1个月后，
再选择使用适合自己
皮肤的产品

　　美白护肤品中的美白成分不会直接将肤色变白，而是通过抑制黑色素的生成来消除色斑。

　　这里我具体讲解一下黑色素的生成过程。皮肤受到紫外线照射后，为了保护细胞的DNA，表皮细胞会分泌内皮素等信息传递物质。内皮素会向位于基底层的黑色素细胞下达"为了保护细胞，请生成黑色素"的指令。接着，黑色素细胞内的酪氨酸，在酪氨酸酶的作用下将黑色素细胞转化为黑色素，它在表皮更新的作用下被推到角质层，最后成为"死皮"排出体外。但是，如果照射的紫外线过多，黑色素的代谢速度就会跟不上生成速度，导致黑色素滞留在表皮层，最终形成色斑。

美白成分的作用机制可以根据其抑制黑色素生成的阶段大致分为3种。

① 阻止黑色素的生成（阻隔生成黑色素的指令，抑制酪氨酸酶活性）

② 排出黑色素

③ 让黑色素褪色

①又可分为阻止向黑色素细胞传达信息型和阻止在黑色素细胞内合成黑色素型2种。

哪一种更有效取决于个人的皮肤状态，不能一概而论。最好的方法是使用后再判断是否适合自己。因此，我建议拿到产品后至少试用1个月左右，检查自己的皮肤状态后再进行选择。

接下来，我会讲解各种美白成分的功效，选择美白护肤品时可供参考。

美白成分的功效

造成色斑的是黑色素。皮肤受到紫外线照射后，为了保护皮肤细胞的DNA，会不断生成黑色素。当黑色素来不及排出体外，并在表皮层蓄积时，就会形成色斑残留在表皮上。

美白成分具有抑制黑色素生成的功效。不同的美白成分，会采用不同的方法来抑制黑色素形成。

❶ 阻止黑色素的生成

受到紫外线照射后，表皮细胞会分泌内皮素等信息传递物质，由它们去下达"请生成黑色素"的指令。内皮素等被分泌出来后，会前往位于基底层的黑色素细胞，并在那里激活酪氨酸酶。这样一来，作为黑色素原料的酪氨酸就会在酪氨酸酶的作用下生成黑色素。因此，一些美白成分会通过抑制内皮素等信息传递物质，阻断生成黑色素的指令，或者通过抑制黑色素细胞内酪氨酸酶的活性，来阻止黑色素的生成。

抑制酪氨酸酶的活性还有助于抑制黑色素聚集，进而阻断黑色素向表皮细胞转移。

❷ 排出黑色素

人体生成黑色素的目的是保护皮肤。如果我们持续暴露在紫外线中，黑色素就会不断堆积，最终形成色斑。为了避免这种情况的发生，可以通过美白成分调节表皮更新，帮助皮肤排出黑色素。

❸ 让黑色素褪色

这是针对已经形成的黑色素的方法。维生素C衍生物等美白成分可以还原表皮细胞内的黑色素。

综上，美白成分大致有3种功效。只靠一种产品是无法祛除色斑的。如果想进行深度的美白护理，请使用功能不同的产品，进行综合性的护理。

另外，你是想阻止黑色素生成，还是想祛除已经生成的黑色素呢？目的不同，选择的成分也不同。美白成分有很多种，其中维生素C衍生物既能阻止黑色素生成，又能帮助已生成的黑色素褪色。因此，如果你不知道该选择什么，就先从维生素C衍生物开始尝试吧。

主要的美白成分种类

▌美白成分的功效

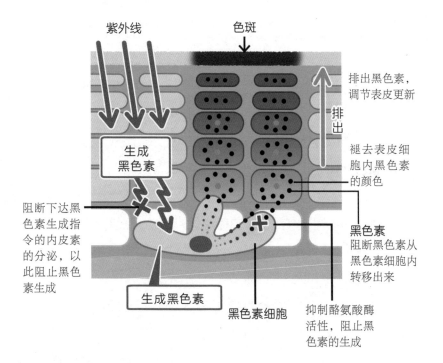

紫外线

色斑

排出黑色素，调节表皮更新

排出

褪去表皮细胞内黑色素的颜色

生成黑色素

阻断下达黑色素生成指令的内皮素的分泌，以此阻止黑色素生成

黑色素
阻断黑色素从黑色素细胞内转移出来

生成黑色素

黑色素细胞

抑制酪氨酸酶活性，阻止黑色素的生成

① 阻止黑色素的生成 ••••••••••••••••••••

（阻断生成黑色素的指令，抑制酪氨酸酶）

洋甘菊提取物	可以抑制下达黑色素生成指令的内皮素的活性。
氨甲环酸	可以抑制酪氨酸酶活性，常被用来治疗黄褐斑。
抗坏血酸葡糖苷（维生素C衍生物）	可以长时间发挥功效，抑制黑色素过度生成。

抗坏血酸磷酸酯镁 抗坏血酸磷酸酯钠 （维生素C衍生物）	能快速渗透皮肤，并抑制黑色素过度生成。
熊果苷	可抑制酪氨酸酶的活性。
曲酸	可以抑制酪氨酸酶的活性。
4-丁基间苯二酚	结构和对苯二酚相似。具有抑制酪氨酸酶活性的功效。
胎盘素	从人或猪的胎盘中提取出来的美白成分。可以抑制酪氨酸酶的活性。

❷ 排出黑色素 ••••••••••••••••••••••••••••

4-甲氧基水杨酸钾盐	即4MSK，它不仅可以抑制酪氨酸酶的活性，还可以促进黑色素排出。
右泛醇W	可以促进表皮更新，从而加速黑色素的排出。

❸ 让黑色素褪色 ••••••••••••••••••••••••••••

对苯二酚 （氢醌）	用于治疗色斑的处方药，具有很强的美白作用。
维生素C乙基醚 （维生素C衍生物）	可以抑制黑色素在UVA的作用下大量聚集，也可以还原黑色素为无色。
维生素C	容易被皮肤吸收，效果显著。可以抑制黑色素过度生成，还能还原黑色素，让黑色素褪色。但是它非常不稳定。很多护肤品研发公司正在尝试各种技术使它更稳定，比如包裹在特殊的胶囊（纳米胶囊）内，或溶于溶剂中等。

重要的美容建议

睫毛精华液只能补充营养，
不能增长睫毛

睫毛精华液是被大家热议的产品，很多人为了让自己的睫毛变长而购买它，但是截至目前，还没有充分的证据表明睫毛精华液可以让睫毛变长。

其实，睫毛精华液只是用来护理睫毛的产品。夹睫毛时产生的压力和化眼妆时产生的摩擦会给睫毛带来各种各样的损伤。睫毛精华液可以修复这些损伤，给脆弱的地方补充营养，但睫毛精华液本质上是化妆品，不是药品，不能促进睫毛的生长。

另外，睫毛膏和假睫毛都会给眼睛和皮肤造成负担。睫毛的量增加后，重量也会随之增加，有些人的眼皮会因此变松弛，或眼周变得肿胀。现在，很多商家已经对假睫毛胶水（黏着剂）进行了改良，让它不会对眼睛造成过大负担，但还是有可能引发炎症。

因此，涂睫毛膏或戴假睫毛时，请先检查眼周部位是否有松弛等问题，如果需要，可以摘掉一段时间。

第 5 章

痘痘、色斑、皱纹、松弛……

八大皮肤问题和
每个季节的护理方法

每个人都有令自己头痛不已的皮肤问题。但是在尝试五花八门的产品前，请先弄清这些皮肤问题的原因和种类。原因不同，采取的对策也不同。对症下药才能有效改善皮肤问题。

① 成年人更容易长的
"痘痘"

痘痘过去一直被认为是青春期才会高发的皮肤病。但实际上，成年人也经常被这个问题困扰。想预防痘痘，除了护肤之外，还要注意生活习惯。

痘痘是怎么形成的

毛孔堵塞，导致痤疮丙酸杆菌大量繁殖，引发炎症

痘痘是毛孔被皮脂堵住后产生炎症的状态。很多人在青春期会受到激素影响，导致皮脂分泌过剩，开始长痘。但其实这也是一个困扰很多成年人的皮肤问题。

那么，痘痘是怎么形成的呢？一开始的时候，只是皮脂分泌过剩，导致角质变厚，堵住毛孔，原本要被排出去的皮脂只能堵在毛孔中，形成粉刺。随后，皮肤的常居菌痤疮丙酸杆菌开始大量繁殖。过度增加的痤疮丙酸杆菌在毛孔中引发炎症，使痘痘愈发严重。

正常的状态
位于毛孔深处的皮脂腺会分泌皮脂，但因为毛孔的出口是打开的，所以皮脂会被排出去。

皮脂腺

痘痘初期的状态
毛孔开口处老旧的角质残留，导致角质层变厚。皮脂因此被堵在里面，形成角栓，堵住毛孔。毛孔被堵住后，痤疮丙酸杆菌开始大量繁殖，使痘痘愈发严重。

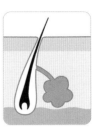

痘痘的种类

白头粉刺
毛孔被皮脂堵住，形成向外隆起的小颗粒。这个小颗粒就叫作粉刺。如果看上去是白色的，就叫白头粉刺。此时，毛孔内并未发生炎症，一定要按照正确的洁面方法进行护理。

黑头粉刺
皮脂和污垢混合在一起，毛孔打开，前端看上去是黑色的，这就是黑头粉刺。此时，依旧没有发生炎症。建议使用添加了维生素C衍生物的护肤品进行护理，能有效收缩毛孔。

丘疹
痤疮丙酸杆菌以堆积在毛孔中的皮脂为营养源，开始大量繁殖，引发炎症，造成红肿，还伴有疼痛感。此时摩擦或挤压它只会让情况变得更糟糕。请尽量不要使用粉底等会堵塞毛孔的化妆品。

脓包
炎症加剧，痘痘颜色变得更红，还开始发烫、化脓。鼓包的中间出现白色，这是因为里面有脓。此时挤压它，容易留下痘印。为了不留下痘印，建议去皮肤科就诊。

结节
脓包进一步发展，毛孔周边的组织遭到破坏，伴有强烈的疼痛感。皮肤下面长出硬块。请尽快前往皮肤科就诊，并谨遵医嘱。

为什么青春期没有长，
成年后反而开始长了呢

压力、睡眠不足、激素
分泌失衡，都是原因

青春期长的痘痘和成年后长的痘痘虽然形成的原理相同，但原因不同。青春期长痘主要是因为皮脂分泌过剩，而成年后长痘的原因则有很多。其中尤其需要注意的是由压力、睡眠不足等生活习惯造成的激素分泌失衡。压力大时，我们的下丘脑会下达指令，让身体分泌肾上腺皮质激素。这种激素的作用和雄性激素类似，会刺激皮脂腺。这样一来，人体就会分泌大量皮脂，堵塞毛孔。另外，当人体因为压力和忙碌而睡眠不足时，皮肤的抵抗力就容易下降，为皮肤上的痤疮丙酸杆菌创造大量繁殖的环境。

除此之外，因为太在意出油而过度清洁，或是日常饮食中缺乏促进皮脂代谢的维生素B_2、维生素B_6，都会导致皮脂分泌过多。成年人长痘，大多是由多个原因共同造成的。

另外，青春期的痘痘主要集中在皮脂较多的T区，但成年人的痘痘则经常长在下颌线或下巴上，而且容易恶化。因此，请在了解原因后，做好预防工作。

成人长痘的原因

压力

压力大时，身体会分泌大量雄激素，刺激皮脂的分泌，导致毛孔容易堵塞。

睡眠不足

睡眠不足时，皮肤的抵抗力会下降，为皮肤上的痤疮丙酸杆菌创造大量繁殖的环境。另外，皮肤会在睡眠期间进行修复。如果缺乏睡眠，皮肤就无法得到修复，造成表皮更新变慢。

月经前的激素变化

月经前，黄体酮的分泌量会增加，而黄体酮和雄激素的功能类似。因此，皮脂分泌会变得旺盛，创造出容易长痘的皮肤环境。

过度清洁

若因皮肤出油严重而用力洗脸，或忽略保湿步骤，会让皮肤变得干燥，角质层变厚。为了弥补缺失的水分，皮肤会分泌大量的皮脂，导致毛孔堵塞。

维生素B$_2$、维生素B$_6$不足

经常在外用餐或吃零食的话，容易摄取很多脂质或糖类，导致代谢脂质的维生素B$_2$、维生素B$_6$和矿物质摄入不足，进而引起皮脂分泌过剩。

护理痘痘最关键的是认真洗脸吗

过度清洁是禁忌。做好保湿工作，重新调整生活习惯

比起长出痘痘后再去处理，预防才是重中之重。预防痘痘的基本原则是保持皮肤清洁。但是，如果为了不让污垢残留在毛孔中而过度清洁的话，皮肤会失去大量皮脂。这反而会导致皮肤变得干燥，角质层变厚，从而堵塞毛孔，形成痘痘。洁面时，请用泡沫包裹住皮肤后，轻轻冲洗。如果有些部位皮脂分泌较多，就在上面多覆盖几层泡沫。千万不要用力搓洗。洗完后的保湿工作也不可以偷懒。洗完脸后，先用爽肤水补充水分，再在干燥的部位涂抹乳液或面霜，防止水分蒸发。对于那些皮脂较多且容易长痘的部位，更要注意补水。请根据各个部位的皮肤状态，选择合适的护肤品。

维生素C具有控制皮脂分泌和抑制炎症的功效，因此，

含维生素C的爽肤水或明确写着"不致痘配方"的护肤产品对痘痘肌更友好。

除此之外，调节睡眠、压力、饮食等生活习惯也至关重要。比如，为了获得优质的深度睡眠，睡前3小时停止进食，或泡个澡放松一下。

在饮食上，需要避免刺激性的食物和油腻的食物，同时，多摄取富含可以促进皮脂代谢的维生素B_2、维生素B_6，以及有抗氧化作用的维生素C的食物。

预防痘痘的方法

不过度清洁，使用不致痘配方的护肤品

洁面时，先将洁面产品充分起泡，然后用泡沫包裹住皮肤。晚上洁面时，如果化了妆，则先用卸妆产品快速卸妆。鼻翼等毛孔容易堵塞的部位可以打圈清洗。但其他部位不可以揉搓。洗完脸后，请使用不致痘配方的护肤品。

改善睡眠不足，消除压力

睡眠不足和压力会导致激素分泌失衡。我们可以采取一些小技巧来保证优质睡眠，比如晚上泡澡放松；睡前3小时不进食；睡前不接触会给眼睛带来刺激的电子产品等。

摄取维生素B_2、维生素B_6

B族维生素可以有效地预防痘痘。它们可以控制皮脂的分泌，从而预防毛孔堵塞。而毛孔堵塞是长痘的主要原因。纳豆等食物中含有的维生素B_2，和猪肉中含有的维生素B_6具有促进皮脂代谢的作用，可以适量摄入。

只有鼻翼周围可以打圈清洗！

维生素A	南瓜、小松菜、西蓝花、胡萝卜等
维生素C	猕猴桃、草莓、柠檬、芜菁叶等
维生素E	蒲烧鳗鱼、葵花籽油、坚果等
维生素B_2	牛肝、纳豆、鸡蛋、牛奶等
维生素B_6	猪肉、牛肉、鸡肉等

不去管痘痘它会自愈吗

有些会自愈，但建议
尽早去皮肤科就诊

痘痘在医学上叫作痤疮，是一种慢性皮肤病。因此不要小看它了，要及时去皮肤科就诊。特别是丘疹、脓包和结节，不好好治疗的话，会难以治愈，并留下痘印。

近年来，皮肤科治疗痘痘的方法发生了很大的变化。以前以药物治疗为主。现在，添加了过氧化苯甲酰和阿达帕林的外敷药成了重要治疗方法。过氧苯甲酰可以改善毛孔堵塞，抑制造成痘痘的痤疮丙酸杆菌的增殖。阿达帕林可以让角质变薄，同时改善毛孔堵塞，减少痘痘形成。请不要自行使用这两种药物，用药前需咨询医生。

除此之外，还有去除老旧角质的化学焕肤、维生素C衍生物的离子导入法等，都是具有代表性的治疗方法。医生会根据痘痘的状态给出针对性的治疗建议，因此，病情严重时，请尽早就医。

治疗痘痘还有一个棘手的问题，就是容易留下痘印。痘印会从红色变成像色斑一样的褐色，这种色素沉着可以用美白护肤品来淡化。医院的皮肤科也会提供光疗或使用外敷美白剂等治疗。为了防止色素沉着加剧，请做好防紫外线措施。

另外，有些人的皮肤会像橘子皮一样坑坑洼洼的，这是真皮组织遭到破坏后，有的地方修复成功了，而有的地方没有修复成功导致的。比较有效的治疗方法有化学焕肤、涂抹能有效去除角质的维生素A酸乳膏，但这两个方法都需要建立耐受，更严重的还可以考虑激光疗法。这种状态的皮肤，就算去美容皮肤科，也难以恢复如初。已经形成的痘痘很难自愈，不妨先去皮肤科，征询医生的治疗意见。

不要触摸、挤压痘痘！这样会导致恶性循环！容易形成色斑或皮肤暗沉。

会造成黑头、松弛问题的
"毛孔"

毛孔中有黑色的小颗粒、毛孔大得连粉底都遮不住等都是让我们头痛的皮肤困扰。毛孔问题也要先明确原因，再对症护理！

毛孔有什么作用

保护皮肤,不让其变干燥,
并调节水分

皮肤最重要的作用是屏障功能，即防止外部的细菌、病毒等侵入人体内部。位于皮肤最外层的角质层具有防止水分从皮肤表面蒸发的功能。但光靠角质层，无法细微地调节水分蒸发。这时，就需要毛孔来承担这个重要的职责了。位于毛孔深处的皮脂腺会分泌皮脂，并和汗腺分泌的汗液经乳化后在皮肤表面形成一层微酸性的皮脂膜，它也被称为"天然保湿霜"，可以对蒸发的水分量进行细微调节。

由此可见，毛孔是维持皮肤和身体健康必不可缺的存在。

毛孔的数量虽然会受遗传和环境等因素的影响，但一般情况下每1cm²有20多个。我们无法改变毛孔的数量，也无法消除毛孔，但可以通过护理让它变得不那么明显，以此解决毛孔问题。

皮肤干燥，或皮脂大量流失，会导致毛孔扩大。

▌毛孔的结构

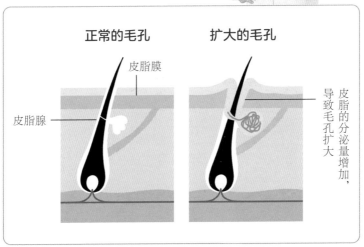

正常的毛孔　　　　扩大的毛孔

皮脂膜

皮脂腺

皮脂的分泌量增加，导致毛孔扩大

最近感觉毛孔变粗大了

除了皮脂分泌过剩外，干燥和年龄增长也是毛孔粗大的原因

造成毛孔粗大的原因大致有3个。

第1个是皮脂分泌过剩，导致毛孔堵塞。毛孔堵塞后，多余的皮脂就会和老旧角质混合在一起，形成角栓，将毛孔撑大。

第2个是皮肤干燥导致纹理杂乱。皮肤干燥或保湿工作没做到位的人，毛孔周围的细胞易萎缩，导致皮肤纹理变得杂乱。从外面看上去就像是毛孔打开了一样。

第3个是皮肤弹性减退，导致皮肤变松弛，而毛孔也难逃重力的"魔爪"，被向下拉扯撑开。在这种情况下，毛孔的形状会变长。

造成毛孔问题的原因不同，护理方法也不同。请先确认自己的毛孔问题属于哪一类，再采取相应措施。

▌毛孔问题的类型

皮脂分泌过剩型

皮脂腺原本就大、整张脸都会出油的人一般为这个类型。角栓将毛孔堵住后会被氧化成黑色的小颗粒。

干燥型

皮肤干燥导致纹理杂乱，使毛孔看上去很粗大。尤其是冬天的空气比较干燥，皮肤容易缺水，失去弹性，导致毛孔周围细胞萎缩。此时，毛孔下凹，形成的阴影会让毛孔看上去很粗大。

松弛型

随着年龄的增长，真皮层内的胶原蛋白和弹性蛋白会失去弹性，导致皮肤松弛，毛孔变成细长形。松弛的毛孔连在一起，就会形成细纹。毛孔松弛，说明你已经处于衰老的初期阶段了，请不要让症状进一步恶化！

毛孔护理最终是不是还得靠毛孔贴

比起毛孔贴，
重新调整生活和饮食
习惯更重要

如果因为太在意堵在毛孔中的角栓，而经常使用毛孔贴，反而会伤害毛孔。此时，人体为了保护皮肤，会分泌大量皮脂，而这会加重毛孔问题。护理毛孔最重要的是重新调整日常生活和饮食习惯。保证充足的睡眠，并及时排解压力，让激素平衡，从而抑制皮脂分泌过多。在饮食方面，也要注意不摄取过多的脂质和糖类，同时，多摄取具有抗氧化作用的维生素C，以及含有维生素B_2、维生素B_6的猪肉和大豆等食物，以加速脂质的代谢。

在护肤方面，洗脸时不要用力揉搓，以防洗掉过多皮脂。洗完脸后，为了防止水分蒸发，一定要涂抹乳液或面霜，做好充分的保湿工作，保护皮肤。

▌各类毛孔问题的护理方法

皮脂分泌过剩型

为了防止皮脂分泌过剩，需要从身体内部进行护理。在饮食方面，应尽量避免摄入过多油脂和糖类，多吃含有维生素B_2、维生素B_6和维生素C的食物。在护肤方面，只要正确洁面即可。如果黑头很多，就使用添加了可以吸附污垢的酵素洁面产品。

干燥型

洗完脸后，请一定要进行充分的保湿护理。神经酰胺可以夹住水分，保护角质层。因此，建议使用添加了神经酰胺的护肤品。它可以让角质层的含水量增加，保护皮肤。

松弛型

真皮层内的胶原蛋白和弹性蛋白正在减退，请在饮食中多摄取可以促进胶原蛋白生成的维生素C。另外，视黄醇具有增加胶原蛋白的功效，因此可以使用含有视黄醇的精华护肤，有助于促进表皮更新，让皮肤变得柔嫩、有弹性。

③ 会引发所有问题的 "晒伤"

紫外线是造成皮肤老化的罪魁祸首。由紫外线造成的晒伤，会导致色斑、皱纹、松弛等各种皮肤问题。请一定要做好防晒措施。

晒伤只要不变红是不是就不会形成色斑

不知不觉间受到UVA的照射就会形成色斑

紫外线具有生成维生素D和杀菌的功效，但同时也会给皮肤造成各种各样的问题。哪怕紫外线的照射量少，也不可以掉以轻心。长时间暴露在阳光下，皮肤容易被烧伤，这种伤就叫作"晒伤"。

晒伤的症状有红斑和晒黑2种。一般我们去海边受到紫外线的照射晒伤后，皮肤会变得红肿，并伴有火辣辣的疼痛感，这种症状叫作"红斑"。

出现红斑后，红色经过4~7天会褪去，皮肤变成黑色，形成"晒黑"。晒黑的肤色再经过1个月左右的时间，就会恢复到原来的肤色。

我在第110页讲解过，紫外线包含UVA和UVB。

引起红斑的是到达表皮层的UVB。与此相对，UVA可以直达真皮层，因此不会引起红斑，却会直接将皮肤的颜色变为黑色。为了防御紫外线，我们体内的黑色素细胞会生成大量的黑色素。当黑色素来不及排出体外时，颜色就会越来越深，最终变成色斑。

另外，冬天紫外线较弱，但UVA还是会如期而至，而且还能穿透玻璃窗，我们在室内也有可能会被晒伤。因此，请每天都做好充足的防紫外线措施，不要掉以轻心地认为稍微照射一点没有关系。

待在家里的时候也要做好防紫外线措施。可以适当涂抹防晒霜。

紫外线引发的问题只有色斑吗

皮肤癌、皱纹、松弛、干燥等都是晒伤所致

紫外线引起的皮肤问题中，最具代表性的是色斑。但除此之外，还有很多其他问题，其中就包括皮肤癌。受紫外线照射后，细胞核DNA受损，此时如果没等其修复又暴露在紫外线下，DNA就会再次受损。反复多次后，就有可能引发皮肤癌。皮肤癌会危及生命，请一定要做好防紫外线措施。

另外，常年照射紫外线会引起"光老化"。这种老化和年龄增长引起的老化不同。

光老化一般体现为色斑增加、皱纹加深、皮肤失去弹性、皮肤变厚变硬、皮肤变得粗糙、皮肤暗沉等症状。

紫外线到达皮肤的真皮层后，会导致胶原纤维断裂、弹性纤维变性，皮肤因此失去弹性、水分蒸发，变得干燥。皮肤变干燥后，表皮更新紊乱，导致皮肤变得暗沉。

综上所述，紫外线对于美肤而言无疑是"大敌"。

紫外线引起的问题

晒伤	晒伤即紫外线引起的烧伤。皮肤变红，并伴有灼伤感和疼痛感。严重时，还会起水疱。再严重一点，还可能引发头痛、发热、怕冷、恶心反胃等症状。请不要小瞧晒伤，如果情形严重，一定要去皮肤科就诊
皮肤癌	受紫外线照射后，细胞核DNA受损。此时，如果没等其修复就又暴露在紫外线下，DNA就会再次受损。反复多次后，就有可能引发皮肤癌。皮肤癌的初期症状大多都是像黑痣一样的黑色隆起，不要对它置之不顾，尽早去皮肤科就诊
皱纹、松弛	UVA到达真皮层后，导致弹性成分胶原纤维断裂，将胶原蛋白捆绑在一起的弹性纤维变性，致使皮肤失去弹性，出现皱纹和松弛
干燥	长时间暴露在紫外线下，会导致皮肤屏障功能下降，水分蒸发，从而引起干燥。皮肤的角质层如果无法维持水分，表皮更新的能力就会减弱，导致残留在皮肤上的角质细胞越来越多。这也是皮肤纹理杂乱、暗沉的原因
色斑	受到紫外线照射后，位于表皮层基底层的黑色素细胞会生成黑色素，以此保护皮肤细胞。之后经过表皮更新，黑色素随角质细胞脱落。但当皮肤因为紫外线照射而受损时，会生成过量黑色素，导致黑色素最后以色斑的形式残留在皮肤上

日常生活中也需要选择SPF50的防晒霜吗

SPF20~30也可以，
但要注意涂抹量

　　防晒产品是我们日常预防紫外线的必备品。选择防晒产品时，一定会在其包装上看到防晒系数（SPF）和PA这2项标注。你知道它们是什么意思吗？

　　SPF是针对UVB的防护效果指标，其数值通俗来讲是指涂抹防晒霜后，UVB引起炎症（红斑）所需的时间是没涂防晒霜时所需时间的多少倍。简单来说，数值越大，代表被晒伤所需的时间越久。通常情况下，紫外线引起晒伤需要20分钟左右。如果涂抹SPF30的防晒产品，就可以将晒出红斑所需的时间延长至30倍，即20×30=600分钟。也就是说，需要照射600分钟才会晒伤。

　　PA是针对UVA的防护能力指标，分为4个级别，"+"越多，防护能力越强。但是，这个数值是指1cm^{2}皮肤上涂抹2mg防晒霜的效果，所以当涂抹的量减少时，效果也会随之降低。因此，要想获得PA所显示的效果，就必须涂抹足够的量。

另外，防晒产品有2种类型。由于其成分不同，对皮肤的刺激和肤感也有所不同。

一种被称为化学性防晒剂，其中含有可以吸收紫外线、保护皮肤的成分。这类防晒产品的防紫外线效果强，但对皮肤的刺激也强。另一种被称为物理性防晒剂，即通过反射或散射紫外线，进行物理隔断。这类防晒产品对皮肤的刺激小，但涂抹后，皮肤容易"假白"、干燥。其添加的常见成分有氧化锌、二氧化钛、滑石粉等。它对皮肤更加温和，而且近年来市面上也出现了各种质地以及不泛白的产品。如果条件允许，我建议大家先进行斑贴试验，选择适合自己皮肤状态的产品。

▌根据不同的场景选择SPF、PA

SPF数值越高，防紫外线效果越好。PA的"+"越多，防紫外线效果越好。不同季节，不同场景，紫外线的量也会有所不同。因此，根据不同环境条件使用不同的防晒产品，效果更佳。

适用场景	SPF	PA
日常生活（散步、购物）	20~30	+ ~ ++
室外运动、休闲娱乐	30~40	++ ~ +++
烈日下运动、休闲娱乐	30~50	+++ ~ ++++
度假地的室外	40~50	++++
对紫外线敏感的人、紫外线过强的地方	40~50	++++

你所不了解的SPF值、PA的测定基准

测定SPF值的机构有时会不同，而PA值则是由各家企业自行测定的。因此，SPF值和PA相同的产品，质量未必相同。使用时，请及时确认是否适合自己的皮肤，以及是否真的能防御紫外线。

除了涂抹防晒霜外，
还有哪些措施可以防紫外线呢

避免露出皮肤，
并食用具有抗氧化功效
的食品

　　为了防止紫外线照射，我们也可以利用帽子、太阳伞、衣服等物理防晒手段，尽可能避免在阳光下暴露皮肤。近几年，防晒衣十分流行，这些衣服采用的材质不仅可以防紫外线，而且穿在身上也不会感觉闷热，是很好的物理防晒产品。另外，紫外线还会伤害眼睛，引起白内障、角膜炎等疾病。因此，日照强的日子里佩戴太阳镜遮挡眼睛也很重要。

　　除此之外，我们也要在饮食上多下些功夫。受到紫外线照射后，体内的活性氧会增加，氧化身体和皮肤。因此，积极地摄取维生素A、维生素C、维生素E以及多酚可以有效抗氧化。

防紫外线措施

利用太阳伞、帽子、披肩等

请穿着具有防紫外线功能的衣服，尽可能避免露出皮肤。一般情况下，黑色或藏青色等深色的衣服比白色更容易阻挡紫外线。太阳伞和帽子虽然能够阻挡太阳的直射，却无法防止地面的反射光和空气中的散射光。因此，我们出门时一定要涂抹足量的防晒产品。

用太阳镜遮挡眼睛

长期照射紫外线会影响眼睛的晶状体，让它发生氧化，变得混浊，从而引发白内障。此外，通过动物实验，人们发现受到紫外线照射时，眼睛会向大脑传达被照射的信息。大脑接收到信息后，会下达制造黑色素的指令。接到指令后，体内就会生成黑色素，导致色斑。人类体内是否也有这样的机制还不明了。但我还是建议大家使用太阳镜、帽子、太阳伞等保护眼睛免受太阳直射。

食用具有抗氧化功效的食品

受到紫外线照射后，体内会生成活性氧。活性氧过多，会让细胞发生氧化，失去正常功能，形成色斑和皱纹。具有抗氧化作用的食品可以抑制活性氧的氧化作用。食用时，比起只摄取一种，同时摄取多种可以更好地发挥抗氧化效果。

第5章

维生素A	南瓜、小松菜、西蓝花、胡萝卜等
维生素C	猕猴桃、草莓、柠檬、芜菁叶等
维生素E	鳗鱼、葵花籽油、坚果等
多酚	红酒、绿茶、黑芝麻、荞麦面等

如何涂抹防晒霜
才能获得更好的效果

不要涂在一个地方后再推开，要想涂抹均匀，点涂是关键

明明已经涂了防晒霜，却还是晒伤了……你是否遇到过这样的情况？如果有，那就需要改变你涂抹防晒霜的方法了。

很多人涂防晒霜时是取多量防晒霜，先涂在脸上的1个地方，再推抹开。这种涂法会造成涂抹不匀，有些地方涂得很到位，有些地方则比较薄。正确的涂抹方法是将防晒霜点涂在脸上的多个地方，在脸颊上点3处就差不多够了，然后用粉扑拍打着抹匀。

另外，我也不推荐取少量防晒霜进行薄涂。防晒霜的包装盒上一般都写有标准用量，如果达不到这个用量，那么防晒效果就会大打折扣。不过，要做到精确取量也很难，因此，最好是涂抹稍多于标准用量的防晒霜。

防晒霜的涂抹方法

1 取适量防晒霜于手掌上

为了充分发挥出防晒霜SPF值的效果，涂在脸上的防晒霜的用量，按照亚洲人的脸部平均大小来计算的话，差不多是0.7~0.8g。

3 用粉扑拍打

用粉扑拍打着抹开，不要揉搓。

2 点涂在脸颊上

先点涂在脸颊上，可以防止涂抹不匀。

4 容易忽略的眼皮和鼻下也要涂抹

容易忽略的眼皮、眼下和鼻下，也要点涂，然后用粉扑轻轻拍打着抹匀。

5 涂抹额头

点涂在额头上，再用粉扑拍打着抹开。

6 二次涂抹C区

从眉尾下方到眼尾下方的C形曲线部位（C区）容易晒伤，可以增加涂抹次数，多涂一层。

7 最后用粉扑按压一遍就完成了！

最后再用粉扑轻轻按压全脸，确认已涂抹均匀。鼻翼两侧等部位不要有残余。

主要由紫外线和摩擦导致的
"色斑"

色斑总在不知不觉间冒出来……大部分是由紫外线造成的，但激素分泌失衡、长痘后的炎症等也会造成色斑。护理时需要"对症下药"。

色斑是怎么形成的

紫外线、年龄增长等，
各种各样的原因都会
造成色斑

　　造成色斑的最大原因是紫外线。皮肤受到紫外线的照射后，表皮细胞会分泌内皮素、前列腺素，这些激素会产生信息传递物质，在它们的刺激下，位于基底层的黑色素细胞在酪氨酸酶的作用下，就会生成黑色素。通常情况下，黑色素会因为表皮更新被推至表皮最外的角质层，最后排出体外。但是，在紫外线的照射下，黑色素大量生成，来不及排出体外，残留在了表皮层，形成色斑。另外，年龄增长、压力、生活习惯紊乱会导致表皮更新减慢，从而形成色斑。

　　除此之外，按摩或洁面时用力过度，会对皮肤造成摩擦，引发炎症，进而形成色斑。女性妊娠或更年期时，激素分泌失衡也是导致色斑的原因之一。由此可知，色斑的种类会依据生成原因的不同，其护理和治疗方法也各不相同。如果有这方面困扰又拿不定主意，我建议先去医院就诊，不要自行判断。

▌表皮更新缓慢会导致色斑

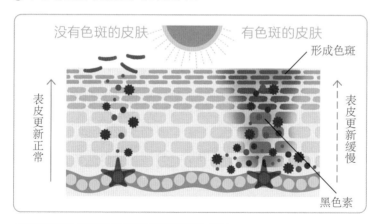

没有色斑的皮肤　　　　有色斑的皮肤

形成色斑

表皮更新正常

表皮更新缓慢

黑色素

＼　黑色素是"反派"吗？　／

　　其实，黑色素具有防止紫外线侵入皮肤的作用。它可以吸收紫外线，避免其对皮肤造成损伤，在一定程度上还可以减少日光性皮炎、日光性白斑等疾病的发生。

色斑有哪些种类

色斑的种类不同，
护理方法或治疗方法
也不同

　　根据色斑形成原因、出现的部位、形状等，可以将其分为不同种类。主要包括由遗传和长期日晒引起的老年斑[①]，由痘痘、斑疹导致的炎症后色素沉着，由雌激素分泌失衡、日晒、摩擦刺激引起的黄褐斑，大多从年轻时开始长的雀斑等。除此之外，还有容易长在背上的花斑癣[②]等。色斑基本都是由年龄增长、紫外线照射、遗传、生活环境、不良生活习惯等多种因素引起的，如果不加以防护，症状还会恶化。

　　能够应对色斑的对策主要有：涂抹防晒产品；轻柔地卸妆、洁面，以免伤害皮肤；戒烟，减少活性氧的生成；

---

① 正式医学名称为脂溢性角化病。

② 正式医学名称为花斑糠疹。

多吃含抗氧化物质的食品，从身体内部进行护理。

另外，也可以根据第140页的讲解那样，使用添加了美白成分的护肤品来预防色斑。对于已经形成的色斑，护肤品只能起到淡化的作用，无法完全消除。因此，护肤的目的是为了预防。如果想要根治，请去皮肤科咨询。

开始治疗前，请先咨询清楚。

\ 色斑的激光治疗是指什么？/

激光治疗就是放大某特定波长的光，并将它对准色斑进行照射，通过其产生的热量灼烧患部，将其破坏。遭到破坏的黑色素会通过表皮更新，花费数周至数月的时间，排出体外。这样一来，色斑就会变淡。激光治疗可以淡化老年斑，去除老年疣和花斑癣。

更多关于光疗、激光治疗等可以在美容皮肤科接受的医疗方法，请参考第242页。

色斑的种类及其护理方法

日光性黑子

要想根治,
必须在皮肤
科进行激光
治疗或光疗

颜色从淡褐色到深褐色不等,形状相对较圆。主要原因是受大量紫外线照射后,体内生成过量的黑色素,无法排出体外,从而导致色素沉着。

护理方法

首先,为了完全阻隔紫外线,请使用防晒产品抑制黑色素的生成。其次,使用具有抑制黑色素生成功效的美白护肤品进行护理。

同时,多吃含有维生素A、维生素C、维生素E等抗氧化物质的食品,有助于从身体内部修复被紫外线损害的皮肤。

炎症后色素沉着

痘印、斑疹、伤口等炎症反应后形成的色斑。一般为淡褐色,形状不规则。常见于容易长痘的脸颊或下巴,以及手脚等部位的伤口处。随着时间的流逝会消失。但如果受到了紫外线的照射,则容易残留在皮肤上。

护理方法

摩擦是大敌!一定要使用正确的方法洁面。洁面时,先充分起泡,不要揉搓。使用添加了维生素C等美白成分的护肤品,可以加快改善的速度。

黄褐斑

要想根治,
可在服用
药物的同
时,接受
激光治疗

左右对称地成片分布于颧骨至眼尾之间。一般在雌激素分泌失衡的妊娠期、更年期以及服用避孕药期间容易长。生活压力大时,色斑的颜色还有可能进一步加深。

护理方法

服用具有抑制黑色素生成功效的氨甲环酸(传明酸),可以有效改善黄褐斑。另外,黄褐斑的形成与激素、疲劳、压力也有关系,因此,保证充足的睡眠、缓解压力很重要。另外,和其他种类的色斑一样,卸妆和洁面时不要揉搓,并多食用含有抗氧化物质的食品。

雀斑

散布在鼻子至整个颧骨之间的褐色小斑点，多为遗传性，一般从十几岁开始长。常见于白色皮肤的欧美人，以及肤色白皙的亚洲人。

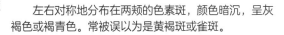
护理方法

紫外线会加剧雀斑的生长。受到紫外线过度照射后，雀斑的数量会增加，颜色会变深。因此，请使用防晒产品及时阻隔紫外线。雀斑多为遗传，美白护肤品难以让其变淡。比较有效的方法是去美容皮肤科进行光疗。

颧部褐青色痣
（ADM）

左右对称地分布在两颊的色素斑，颜色暗沉，呈灰褐色或褐青色。常被误以为是黄褐斑或雀斑。

护理方法

美白护肤品对它没有效果。需要去美容皮肤科就诊，通过持续性的激光治疗，慢慢让它变淡。

老年疣

色斑上的角质变厚，像疣一样隆起，也被称为脂溢性角化病。长年累月的紫外线照射致使角质变硬。年龄增长也是一个原因。常见于颧骨至眼尾一带，手背等部位也会长。

护理方法

老年疣的原因是角质状态的变化，因此美白护肤品没有效果。最好在长出老年疣之前就做好防紫外线护理和美白护理。如果想要根治，可以去美容皮肤科通过激光治疗去除。

花斑癣

有人经过暴晒后，从肩膀到后背之间会长出小斑点。多见于白色皮肤的欧美人和肤色白皙的亚洲人。

护理方法

这种色斑会因为大量出汗且得不到及时清洁引发真菌感染而被诱发。因此，最重要的是做好防晒措施，防晒霜要反复补涂。此外，尽量不要露出背部，这种色斑也和肤质、遗传有关，美白护肤品基本没有效果。如果想要根治，请去医院进行抗真菌治疗。

令眼周暗沉的
"黑眼圈"

眼周看上去疲劳、显老……黑眼圈会改变人的气质。在采取相应的措施前，请先确认自己的黑眼圈属于哪个类型，再针对性护理，让眼周重拾光彩。

没有睡眠不足，却有黑眼圈

紫外线照射和年龄增长 都会造成黑眼圈

隐隐出现在眼下的黑眼圈会让人看上去显老。根据形成的原因，可将黑眼圈分为3种类型。类型不同，护理和改善措施也不同。因此，首先要确认自己的黑眼圈属于哪一种类型。

第1种类型是青色黑眼圈。它的形成原因是眼睛疲劳或体寒引起的血液循环不畅。年轻人也容易因为睡眠不足而形成这类型的黑眼圈。

第2种类型是黑色黑眼圈。随着年龄的增长，眼下皮肤变薄，弹性成分减退，导致皮肤松弛显黑。这种类型的黑眼圈是由皮肤松弛导致的，很难用化妆品遮盖。

第3种类型是咖啡色黑眼圈。它的形成原因是摩擦和紫外线照射引起的色斑和暗沉。经常揉眼睛的人容易有这种黑眼圈。属于色斑的一种，不会因睡眠不足而变深。

如何区分这3种黑眼圈呢？可以试试拉平眼下的皮肤，如果颜色变淡了，就是青色黑眼圈。如果没有变化，就是咖啡色黑眼圈。如果抬头后颜色变淡了，则是黑色黑眼圈。

眼周的皮肤较薄，皮脂腺较少，非常容易干燥。我们每次做眨眼动作时，眼皮一直处于活动状态，这也会给皮肤造成负担，引发皮肤问题。因此，平日里一定要轻柔、细致地护理眼周皮肤。

▌黑眼圈的种类

由血液循环不畅引起的青色黑眼圈

由年龄增长和皮肤松弛引起的黑色黑眼圈

由摩擦和色斑引起的咖啡色黑眼圈

可以按摩眼周来改善血液循环吗

按摩可能会让眼周变得暗沉。
请根据黑眼圈的种类采用不同的护理方法

　　黑眼圈的种类不同，护理的方法也不同。眼周的皮肤较薄，很脆弱。因此，我们平时不以为意的一些行为，比如揉眼睛，卸眼妆时用化妆棉用力揉搓等，都会给眼周的皮肤带来刺激。另外，我们还可以从身体内部来改善黑眼圈，比如通过均衡地摄取具有改善血液循环功效的营养素，来改善青色黑眼圈；摄取具有强抗氧化作用的维生素C来改善黑色黑眼圈等。

各类黑眼圈的护理方法

青色黑眼圈

眼睛因为睡眠不足、过度使用电子产品等而变得疲劳，从而引起血液循环不畅，眼周颜色变青。请用手指轻轻按压眼下和眼皮，促进血液循环。但是，按摩时严禁用力揉搓。皮肤受到刺激后，会变成咖啡色黑眼圈。也可以用热毛巾等温暖眼周。

黑色黑眼圈

随着年龄的增长，真皮层内的弹性成分会减少。因此要充分做好保湿工作后，进行抗老护理，让皮肤恢复弹性。建议使用添加了弹性成分的胶原蛋白或对改善皱纹有效的视黄醇的眼霜进行护理。

咖啡色黑眼圈

咖啡色黑眼圈是由摩擦和紫外线照射引起的色素沉着，请重新调整基础护肤。卸妆和洁面时不要揉搓，眼部彩妆要用眼唇卸妆水轻柔地卸掉。这种黑眼圈也是一种色斑，可以使用添加了美白成分的眼霜进行护理。如果光靠护肤无法改善，可以去美容皮肤科就诊。

令整张脸看上去黯淡无光的
"暗沉"

皮肤不通透，脸上黯淡无光的状态就是暗沉。除了血液循环不畅外，表皮更新减慢、干燥等都会引起暗沉。因此，应对暗沉要做好基础护肤。

皮肤暗沉是血液循环不畅导致的吗

除了血液循环不畅外，表皮更新紊乱和干燥会导致角质层增厚

　　导致皮肤暗沉的原因有很多，其中最大的原因是皮肤干燥。表皮锁水能力下降后，皮肤会失去水分，纹理变得杂乱。在这种情况下，就算光线打在脸上，也会像穿过雾面玻璃一样，整张脸看上去黯淡无光。

　　另一个原因是皮肤的新陈代谢紊乱，即表皮更新紊乱。表皮更新紊乱后，老化的角质细胞就会残留在角质层中不脱

落，导致角质层变厚，降低皮肤的通透性。

另外，睡眠不足和疲劳等会引起血液循环不畅，导致皮肤呈现黑色。容易长青色黑眼圈的人也容易出现皮肤暗沉，需要特别注意。除此之外，年龄增长和紫外线照射会导致色素在面部沉着，引起暗沉。

综上所述，皮肤暗沉的原因有很多，我们需要先了解自己皮肤的暗沉类型后，再针对性地进行护理。

为了维持皮肤纹理平滑，请细致地进行保湿护理。

暗沉的原因

光　　　　　　　角质层干燥

表皮更新紊乱，导致老旧角质堆积，皮肤变厚

真皮

血液循环不畅

做什么样的护理才能改善暗沉呢

充分的保湿护理和
角质护理
可以改善皮肤暗沉

导致皮肤暗沉的原因不同，采取的对策也不同。因此，我们要首先确认自己的皮肤暗沉是什么原因导致的。

如果皮肤容易长皱纹、粗糙，那有可能是干燥引起的暗沉。要想改善干燥引起的暗沉，就必须让角质层获得充足的水分。我建议护肤时使用添加具有锁水功效的神经酰胺等成分的爽肤水和乳液，进行充分的保湿。并且在妆前使用保湿型的贴片面膜，它不仅有助于消除暗沉，还会让妆容变得更加服帖。

如果皮肤发硬，那暗沉的原因有可能是表皮更新减慢引起的角质层增厚。要想改善这类暗沉，就必须去除老旧角质，促进表皮更新。可以使用酵素洁面产品或冲洗型的泥膜等，利用其中的蛋白质分解酶去除多余角质。如果暗沉还是没有得到改善，这可以尝试使用含有苹果酸等果酸（AHA）的刷酸产品，进行角质护理。但是，酵素洁面和刷酸都会给皮肤带来一定刺激，必须搭配保湿产品一起进行护理。

另外，近年来新开发出的一些美白成分（4MSK、右泛醇W），可以通过促进已生成的黑色素排出来改善暗沉。使用添加了这些成分的护肤品，可以改善整体的暗沉情况，提高皮肤的通透性。

皮肤暗沉的人，可以多吃含有维生素E的坚果，含有铁的动物肝脏、蛤蜊、小松菜等。

皮肤失去弹性导致的
"松弛"

真皮层失去弹性后，皮肤或脂肪就会下垂，导致松弛。一旦下垂，就无法恢复原状了，所以请尽早护理。

松弛是年龄增长导致的吗

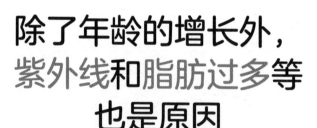

除了年龄的增长外，紫外线和脂肪过多等也是原因

　　人们往往会觉得下颌线、眼下等部位出现松弛是因为年龄增长的缘故，但导致松弛的原因不止如此。事实上，松弛和紫外线也有很大的关系。皮肤受到紫外线照射后，真皮层内的胶原纤维和弹性纤维会受损断裂并减少，导致皮肤失去弹性、皮肤下垂。

　　随着年龄的增长，真皮层内的成纤维细胞生成胶原蛋白的能力会降低，而胶原蛋白是赋予皮肤弹性的关键，因此，年龄增长自然是导致皮肤松弛的另一个重要原因。

但是，脂肪急剧增加会让皮肤的松弛看上去更加明显。另外，随着年龄的增长，脸部肌肉会萎缩，使皮肤变得松弛。

皮肤一旦松弛，就很难恢复原状，因此预防至关重要。我们只要好好护理皮肤就有助于保护真皮层中的弹性成分，不要因为年龄增长而放弃护理。

主要的脸部肌肉

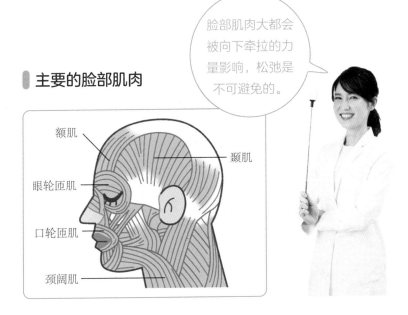

脸部肌肉大都会被向下牵拉的力量影响，松弛是不可避免的。

额肌

颞肌

眼轮匝肌

口轮匝肌

颈阔肌

法令纹是皱纹吗

一种脸颊脂肪下垂形成
的松弛现象

　　松弛会悄无声息地发生在身体的各个部位。脸上容易松弛的部位有眼睑、脸颊、嘴角和下巴。它们松弛的状态和原因各不相同，首先需要确认自己的情况。

▌容易松弛的部位

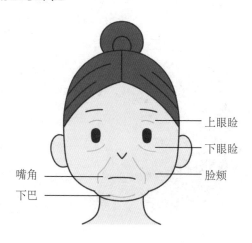

上眼睑

下眼睑

脸颊

嘴角

下巴

**上眼睑
下眼睑**

上眼睑松弛是因为眼周用来支撑眼球的眼轮匝肌逐渐松弛。除了年龄增长引起的肌肉松弛外，眼周的皮脂腺较少，容易干燥；肌肉松弛、弹性下降，致使下眼睑保护眼球的眼窝脂肪支撑度不够而下垂。

脸颊

脸颊松弛的一大原因是肌肉随年龄增长弹性下降，不足以支撑脸部脂肪，使之下垂。除此之外，表情肌的萎缩和疲劳也会导致脸颊松弛。比起向上提拉的力量，脸部肌肉更多受到向下的力的影响。就算什么都不做，肌肉也会下垂，因此我们平时就要注意尽可能不要总低头，并养成上扬嘴角的习惯。另外，压力和睡眠不足等因素也会让肌肉紧张、疲劳。

下巴

双下巴、脸型呈四边形都是下巴松弛的特征。从脸颊到下巴之间区域，是脸上脂肪最厚的区域，当这部分的肌肉松弛时，就无法支撑起皮下脂肪，导致下颌线下垂。另外，下巴的松弛还和水肿有关。水肿是由淋巴流动停滞引起的。下颌线水肿会进一步加剧松弛。

法令纹

法令纹是指从鼻翼出发，经过嘴的两侧，向下巴延伸的皱纹。是表情肌张力下降，导致脸颊上厚实的脂肪下垂而形成的一种松弛现象。

毛孔松弛

随着年龄的增长，真皮层内的胶原纤维和弹性纤维失去弹性，导致支撑毛孔的力量减弱，形成细长形的粗大毛孔。

按摩可以提拉松弛的皮肤吗

不仅不能提拉，还
可能会恶化

为了缓解皮肤松弛，有的人会用手打圈或使用按摩滚轮来按摩皮肤。但是，这么做只会让松弛的皮肤得到暂时性的缓解，面部实际上并没有被提拉上去。不仅如此，按摩引起的摩擦反而会伤害皮肤，让皮肤变得干燥。因此，我并不建议经常做脸部按摩。除此之外，托腮这样的习惯性行为也会给皮肤带来不好的影响，我们要对这种日常生活中的动作和姿态多加注意。

另外，皮肤中弹性成分的损伤会引起松弛，我们要采取充分的措施保护皮肤免受紫外线的伤害。你可以涂防晒产品，或利用太阳伞、帽子等来阻隔紫外线。总之，这些对于预防皮肤松弛非常重要。

视黄醇可以促进皮肤生成胶原蛋白。因此，日常护肤时，除了基础护理外，还可以涂抹添加了视黄醇的精华或面霜。这样，在保湿的同时还能抗皱。我们也可以使用添加了维生素C衍生物的护肤品，防止活性氧增加而过度氧化皮肤细胞。

缓解皮肤松弛的方法

防紫外线措施

为了防止皮肤的弹性成分减退，请涂抹防晒产品或使用太阳伞等阻隔紫外线。同时也不要忘了保湿，以免皮肤变得干燥。

缓解皮肤松弛的护肤品

请使用添加了视黄醇的精华或面霜等进行护肤。作为保湿成分的神经酰胺也可以缓解由干燥引起的皮肤松弛。

摄取蛋白质和维生素C

蛋白质是胶原蛋白的主要成分。请积极食用含有蛋白质的禽畜类、鱼类和豆制品。除此之外，还要多摄取可以促进胶原蛋白生成的维生素C。

为了缓解皮肤松弛，请改变生活习惯和饮食搭配。

⑧ 因为干燥和表情习惯而加深的
"皱纹"

皱纹被认为是衰老的一种体现。干燥和表情习惯很容易在不知不觉间造成皱纹。请在形成皱纹前，做好充分的护理。

二十几岁的人会长皱纹吗

有人会在眼周等部位长干纹

放大皮肤表面后，可以看到纵横走向的沟纹，这种沟纹叫作皮沟。当皮沟变得明显时，就形成了皱纹。皱纹是皮肤衰老的一种症状，但形成原因不只有衰老。

皱眉时会形成皱纹，干燥也会引起皱纹。皱纹的形成原因有很多，大致可分为下面3种类型。

❶ 细纹

细纹是经常出现在眼周和嘴角的浅而细小的皱纹。我们每天都要眨眼无数次，而眼周皮肤较薄，皮脂腺也较少，因此，很容易干燥。二十多岁的人也会长这种皱纹。

❷ 表情纹

做高兴、生气等表情时，会动用脸部的表情肌。表情肌通过灵活的伸缩形成表情，但每次皱眉、笑的时候，脸上就会形成皱纹。随着时间的流逝，这些皱纹会逐渐加深，最后成为无法消除的表情纹。最具代表性的表情纹是眉间的川字纹和眼角的鱼尾纹。

❸ 真皮层皱纹

上眼睑的凹陷、面部法令纹等真皮层皱纹是其周围的皮肤失去弹性引起的。皮肤之所以会失去弹性，是因为衰老以及紫外线的照射导致真皮层的胶原纤维和弹性纤维失去弹性，填充在两者周围的玻尿酸减少，致使真皮层的水分减少。

虽然皱纹是一种衰老症状，但不要以为年轻时就不会长皱纹。请参考"脸部MAP"，确认自己有没有皱纹。如果有，请确认它们的位置。

皱纹是衰老导致的吗

不仅是衰老，紫外线也会让皮肤失去弹性

真皮层的胶原纤维和弹性纤维变性、减少，以及填充在这2种纤维之间的玻尿酸减少，都会导致皮肤弹性下降，从而生成皱纹。胶原纤维、弹性纤维和玻尿酸的减少是衰老导致的。随着年龄的增长，生成胶原蛋白和弹性蛋白的成纤维细胞活性减弱。这时，真皮层内弹性纤维与胶原纤维发生变化，导致皮肤表面失去弹性和张力。

但是，令皮肤失去弹性的元凶不只有衰老。皱纹多长于暴露在紫外线中的部位，因此，紫外线照射也是一大原因。持续暴露在紫外线中，会导致体内活性氧增加，细胞被氧化，胶原纤维和弹性纤维或断裂，或纠缠在一起。最终，真皮层内的结构发生变化，令皮肤表面失去弹性。

除此之外，采用错误的洁面方法，过分用力地清洁、摩擦脸部会加深皱纹。睡眠不足也会导致皮肤的表层更新

紊乱，使角质层变得粗糙、干燥。此时，皮肤也容易长细纹，因此需要注意。

紫外线也是抗皱的大敌！容易长皱纹的部位，一定要涂抹足量的防晒产品。

▍长皱纹的皮肤状态

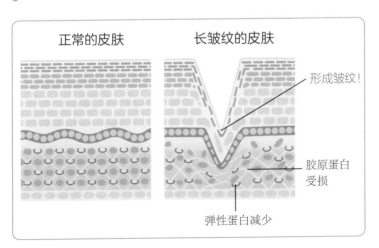

正常的皮肤　　长皱纹的皮肤

形成皱纹！

胶原蛋白受损

弹性蛋白减少

皱纹该怎么护理

做好保湿和防紫外线措施
守护皮肤弹性

市面上有很多具有祛皱功效的护肤品。但是，皱纹一旦加深，就无法靠日常护理恢复原状。因此，在它还是浅浅的细纹时就应及时预防。对于眼角和嘴角的细纹，请做好保湿工作，防止干燥。神经酰胺可以夹住水分，让角质层保持水润，可以使用添加了神经酰胺的爽肤水或乳液进行护理。另外，保证充足的睡眠也非常重要。睡眠不足会导致皮肤的表皮更新紊乱，引起干燥，进而生成皱纹。因此，保证充足的睡眠，规律地生活有助于改善皱纹。

真皮层的纤维受损后，会导致皮肤失去弹性，形成皱纹，认真做好防紫外线措施很重要！涂抹防晒产品，使用太阳伞、帽子阻隔紫外线等，一年四季都需要采取这些防晒措施。

另外，为了防止皱纹进一步加深，可以在日常护理中加入含有一些有效成分的精华或面霜，比如能够促进胶原蛋白生成，并提高角质层含水量的视黄醇和维生素C衍生物；能够刺激皮肤代谢，让皮肤富有弹性的烟酰胺等。这些都有助于防止皮肤老化，预防皱纹。

皱纹还可以通过注射玻尿酸、肉毒毒素等医美方式进行改善。详情请参考第242页。

▌抗皱面霜的涂抹方法

将面霜取到手掌上，涂抹在有皱纹的部位上。然后用无名指轻轻拍打抹匀。注意，在有皱纹的部位用力擦拭，反而会加深皱纹。

花粉、紫外线、干燥……
"各个季节的皮肤问题"

因温度、湿度、紫外线等的不同，每个季节的皮肤状态都不一样。如果不改变护理方法，皮肤就会出问题。因此，我们要经常检查自己的皮肤状态。

一年四季都可以采用相同的护肤方法吗

根据季节改变护肤方法，不易产生皮肤问题

读到这里，我想大家多少已经理解了一些我在前文对"脸部MAP"的讲解，即皮肤容易受气温、湿度、紫外线、大气污染等因素的影响而发生变化。特别是在换季的时候，气温、湿度、紫外线量等会发生很大的变化，此时皮肤的屏障功能会受到影响，容易造成各种皮肤问题。

比如，初春时，气温上升的同时，空气中还会充斥着花粉等微粒。这些都很容易给皮肤造成不好的影响，引起瘙痒、粗糙等问题。

从夏季进入秋季时也一样，除了气温下降造成皮肤干燥外，禾本科、菊科植物的花粉会四处飞散，引发皮肤瘙痒等问题，让皮肤的状态变得不稳定。

到了冬天，室外的温度和湿度都会下降。此时，即便是油性皮肤的人，其皮肤也容易变得干燥、粗糙，进而形成皱纹。另外，紫外线的照射也会在不知不觉间引发各种皮肤问题。这些问题往往会随着时间的流逝渐渐浮现出来。

如果你等到发现问题后才去改善，就没有那么容易了。因此，为了打造完美皮肤，请先掌握各个季节的皮肤环境特征，再进行充分的护理。

温室效应会对皮肤产生严重的影响。因此护肤时，请时刻对温度、湿度的变化保持敏感。

▌春天的皮肤环境

气温和湿度上升。紫外线和冬天相比明显增长。特别是UVA，很多机构调查发现，5月的UVA量和盛夏差距不大。因此，需要采取和夏天同等级别的防紫外线措施。

另外，春天的花粉、$PM_{2.5}$引起的大气污染会对皮肤产生很大的影响。花粉、黄沙、$PM_{2.5}$会导致皮肤屏障功能降低，引发炎症。除此之外，为了保护皮肤细胞免受大气污染的伤害，体内会生成过量的活性氧，导致细胞被氧化。细胞、DNA受损后，真皮层的胶原纤维和弹性纤维就会变性，造成皱纹、松弛等问题。

> **护理方法**
>
> 请采取和盛夏同等级的防紫外线措施。UVA会穿透玻璃窗，因此，即便在室内也要涂抹防晒产品，阻挡紫外线。
>
> 针对花粉等大气污染，回家后，请先用正确的方法洁面，轻柔地将脸清洗干净。再用面霜等护肤品保湿，保护皮肤的屏障功能。

▌夏天的皮肤环境

夏天的气温和湿度都很高，皮脂分泌会变得很旺盛。再加上夏天流汗多，皮肤容易变脏。另外，夏天的紫外线量是最多的，UVB的量也会不断增加。

人体接收到更多UVB之后，就会生成更多黑色素，容易引起色斑。另外，室内一般都会将空调温度调得较低、风量较大，因此，皮肤容易干燥。

> **护理方法**
>
> 请做好充足的防紫外线措施。在室外活动或运动时间较长的人，请用SPF50、PA++++等高倍数的防晒产品来阻挡紫外线。防晒霜被汗液洗掉后，一定要及时补涂。
>
> 在夏天，我们的皮肤会被汗液和皮脂混合物附着，因此要轻柔、细致地洗脸，将多余的角质和污垢都冲洗干净。另外，受空调冷气的影响，皮肤容易变得干燥，可以使用具有补水功效的爽肤水或面霜进行保湿护理。

秋天的皮肤环境

经过一整个夏天的紫外线照射后，皮肤变得非常脆弱。皮肤问题很容易在秋天爆发。秋天的气温和湿度比夏天低，这个时候，空气也开始干燥起来，有时候温差还会非常大，因此皮肤的状态每天都在发生变化，需要耐心、细致地护理。

护理方法

不要把夏天的皮肤问题带入秋天。请认真做好美白护理，促进黑色素排出体外。同时，也要进行细致的保湿护理，以免表皮更新紊乱。夏天使用清爽型护肤品的人，要及时检查自己的皮肤状态，如果感觉到了干燥的症状，应尽快换成滋润型的护肤品。

冬天的皮肤环境

冬天的气温和湿度会进一步下降，空气变得非常干燥。血液循环和新陈代谢因为天气寒冷而变慢，导致皮肤容易粗糙、暗沉。皮肤中的水分也会减少，导致弹性减退，引起松弛和皱纹。另外，室内的暖气也会导致皮肤干燥，室内外的温度差对于皮肤而言则更是挑战。

护理方法

首先将基础护肤品换成滋润质地的，并使用油分比例较高的护肤品进行保湿。皮肤在冬天的屏障功能会降低，因此一定要使用乳液或面霜保护皮肤。皮脂腺较少的眼周尤其容易干燥，可以使用专用的眼霜进行护理。

重要的美容建议

敏感肌是怎样的肤质

"我是敏感肌，皮肤很容易变得粗糙。""我只能用某个特定产品。"我经常听到人们这么说，但你知道敏感肌是什么样的皮肤吗？

换季或身体状况有变化时，皮肤的屏障功能会减弱。如果此时皮肤出现了暂时性的问题，那么这种肤质就叫作敏感肌。敏感肌大多是由角质层太薄，皮肤滋润度不够，导致肌肤的屏障功能过于薄弱，无法抵御外界刺激引起的，可分为2种类型。第1种是体质引起的。这类人的皮肤天生锁水能力弱、皮脂分泌量少。第2种是因为错误的护肤方法导致皮肤变得干燥，屏障功能减弱。只要不是天生体质如此，那么只要坚持正确的保湿护理，皮肤状态就会慢慢变好。

另外，敏感肌的症状如果进一步恶化，容易引发慢性炎症，引发过敏性皮炎或光过敏。此时，需要去皮肤科接受治疗。

还有一种病容易和敏感肌搞混，那就是接触性皮炎。接触性皮炎是一种接触到护肤品、金属、化学纤维的衣物、药品等就会起斑疹的疾病。

通常情况下，我们自己很难区分敏感肌和接触性皮炎，因此，如果皮肤出现了瘙痒或斑疹，请尽快去皮肤科就诊。

第 6 章

后背的痘痘、发黑、汗毛……

护肤进阶之全身护理

人体从头到脚都覆盖着皮肤。除了脸部的皮肤外，身体的皮肤也需要认真护理。身体各个部位的皮肤厚度都不一样，有些部位甚至比脸部还要脆弱。因此，我们要根据各部位的皮肤状态，进行针对性的护理。

身体和脸部的皮肤有什么不同

皮肤的厚度和皮脂腺数量不同

皮肤会带给我们的烦恼除了脸部外，还有后背的痘痘、手脚干燥、汗毛等，这些困扰遍及全身。因此，想要为全身打造完美的皮肤，就需要我们从头到脚重新检查自己的身体，找出问题，然后采取相应的措施。为此，需要先了解脸部皮肤和身体皮肤有哪些不同。

从头到脚，从脸部到身体，都是由一整张皮肤连接在一起的。因此，身体的皮肤和脸部的皮肤结构相同，都是由表皮层、真皮层和皮下组织3层构成。调节体温、保护皮肤免受外部刺激和细菌伤害的功能也是相同的。

身体皮肤和脸部皮肤的不同之处在于厚度和皮脂腺的数量。

脸部皮肤的厚度在0.6~1.5mm，而身体皮肤的平均厚度约2mm。而且，各个身体部位的皮肤厚度也不同。最厚的是脚底，接着是手心、手指和脚趾的指腹。后脑勺、后颈、后背的厚度也比脸部厚。也就是说，容易受外部刺激、必须得到更好保护的身体部位的皮肤比较厚。

不同的身体部位，其皮脂腺的数量也不同。按照头、脸、胸、后背、手、脚的顺序，依次递减。尤其是头皮，皮脂腺数量多达脸部的2倍。此外，胸部、后背的中间部位、腋下、手肘和膝盖的内侧，也是皮脂分泌较旺盛的部位。与此相对，胳膊和腿的皮脂分泌就比较少，而脚底更是没有皮脂腺。脚后跟之所以很粗糙，是因为那里没有皮脂腺。

另外，皮脂的分泌量也和饮食、压力、睡眠有关。当分泌量发生变化时，就会引发瘙痒、干燥等皮肤问题。

从下一页开始，本书将基于身体的皮肤厚度和皮脂腺的数量，讲解身体各种皮肤问题的原因及其护理方法。

第6章

身上的痘痘、暗沉是如何形成的

主要原因是
紫外线、摩擦和干燥

　　和脸部皮肤一样，身体的皮肤也会受到外部的刺激和影响。造成身体皮肤问题的主要原因有2个。

　　第1个是紫外线。颈部、肩膀、后背等受到紫外线照射后，会形成色斑、皱纹和松弛。要想预防这些问题，就必须涂抹防晒霜等，做好充分的防紫外线措施。

　　第2个是干燥的空气和低温。空气和气温的变化会造成皮肤干燥，致使皮脂腺数量较少的部位变得粗糙，甚至还会干裂。

　　除此之外，当身体的皮肤粗糙时，首饰等金属类物品以及衣服的摩擦也容易引起皮肤问题，甚至有可能引发接触性皮炎。接触性皮炎是一种由外部刺激引起的急性皮炎。因此，当你的皮肤出现了严重的斑疹或瘙痒时，请尽快去皮肤科就诊。

压力和饮食生活的紊乱也会给身体的皮肤带来问题。摄取过多的油脂和糖类、压力大、便秘等都会导致身上长痘痘。营养不良、睡眠不足、吸烟等会导致体内的血液循环不畅，从而引起皮肤暗沉。

　　身体的皮肤问题也有可能是身体内部的变化造成的。也就是说，它可能预示着某种潜在疾病。因此，当皮肤瘙痒、粗糙的情况迟迟得不到改善时，应立即就医，不要自行判断。

▎容易出现皮肤问题的身体部位

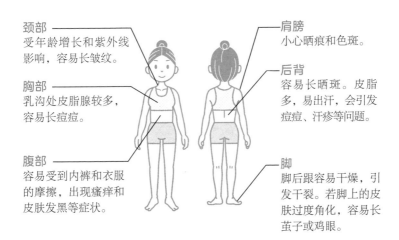

颈部
受年龄增长和紫外线影响，容易长皱纹。

胸部
乳沟处皮脂腺较多，容易长痘痘。

腹部
容易受到内裤和衣服的摩擦，出现瘙痒和皮肤发黑等症状。

肩膀
小心晒痕和色斑。

后背
容易长晒斑。皮脂多，易出汗，会引发痘痘、汗疹等问题。

脚
脚后跟容易干燥，引发干裂。若脚上的皮肤过度角化，容易长茧子或鸡眼。

为什么后背的痘痘很难消除

因为后背皮脂量多，容易堆积汗液和污垢，难以护理

后背和胸部的皮脂分泌量仅次于头皮和脸部，还经常出汗，因此容易长痘痘。另外，后背的皮肤新陈代谢较差，老旧角质容易堆积、堵塞毛孔。除此之外，没有冲洗干净的洗发水以及衣服的摩擦引起的刺激也会导致后背长痘。我想，应该有很多人为此感到头疼吧。

护理后背的痘痘，清洁方法是关键。

不要因为皮脂量多就用力擦洗。请将丰富、绵密的泡沫覆盖在皮肤上，再冲洗干净。另外，为了防止因洗发水等没有冲洗干净而残留在背上，可以在洗完头后，将头发盘起来再冲洗后背。洗完澡后，用油分含量较少的润肤水进行保湿，即可控制分泌过剩的皮脂。

除此之外，为了防止痘痘恶化，应尽可能选择吸湿性

好的衣服，避免给皮肤带来过多刺激。

事实上，后背的痘痘有可能不是痤疮丙酸杆菌大量繁殖引起的，而是由马拉色菌引起的。马拉色菌会在毛囊内引发炎症。炎症进一步恶化后，会化脓，形成带有脓液的脓疱。通常情况下，由马拉色菌引发的痘痘是较难自愈的，应尽快去皮肤科就诊。

不管怎样，后背的痘痘都容易留下痘印。因此，即便是普通的痘痘，最好也要尽早去皮肤科就诊，遵照医生的建议进行治疗。这样，不仅好得快，皮肤还更容易恢复原状。

手肘和膝盖为什么会发黑

干燥导致的老旧角质残留，以及摩擦引起的色素沉着，导致发黑

穿短袖或裙子时，我们可能会突然发现自己手肘和膝盖皮肤暗沉。造成暗沉的原因有2个。

第1个原因是手肘和膝盖上没有皮脂腺，它们比其他部位更容易干燥。皮肤干燥时，表皮硬，皮肤的表皮更新减缓。这样一来，老旧角质就难以脱落，一直残留在皮肤上，导致皮肤暗沉。

第2个原因是由压迫、摩擦引起的色素沉着。手肘和膝盖会经常弯曲或伸展关节，因此容易受到压迫和摩擦。将手肘支在桌子上，或从蹲姿站起来，都会给皮肤带来刺激。为了保护皮肤，角质会变厚，再加上干燥，皮肤内就会生成黑色素。而当黑色素代谢减慢时，皮肤就会暗沉。

改善手肘、膝盖处皮肤暗沉的关键是保湿。洗完澡

后，可以用含有尿素这样的天然保湿因子的保湿霜进行护理。涂抹时，要弯曲手肘或膝盖，将皮肤撑开后再涂。

另外，手肘和膝盖堆积着很厚的老旧角质，因此也需要进行角质护理。为了减轻皮肤的负担，你可以选择含有磨砂颗粒的香皂等可冲洗的产品进行角质护理。请注意，用浮石或尼龙毛巾等用力地擦拭会给皮肤带来刺激，进一步加剧暗沉现象。

臀部皮肤也会暗沉。原因是臀部皮肤干燥以及坐在椅子上时的压迫。因此，久坐的人也需要多加注意。

手部粗糙为什么难以改善

日常生活中频繁使用双手，很难持续性地保湿，因此，见效缓慢

我们需要用手去抓取东西或碰触东西，所以生活中不用手几乎是不可能的。手部变粗糙之后，就算涂抹了护手霜，也会立刻去碰触别的东西。因此，其保湿效果见效非常缓慢。

尤其是做洗刷工作的时候，用含有强表面活性剂的洗涤剂和热水洗碗，皮肤中的水分和皮脂流失得非常快，洗完碗后会立刻感觉手变得很干燥。由于手心的皮脂腺原本就少，皮脂分泌不旺盛，如果仅有的一点水分和皮脂都流失了，手自然就会变得粗糙。

对粗糙的手部进行护理时，保湿至关重要。可以用含天然保湿因子的护手霜进行护理。养成洗完手后立即用护手霜的习惯，并在做洗刷工作时戴上手套等，防止手部皮

肤受到刺激。

　　另外，当手心、手背或手指上出现红肿、水疱、瘙痒等症状时，有可能是手部湿疹。这时如果什么都不做，放任不管的话，症状容易反复发作。虽然普通药店能买到治疗手部湿疹的药，但我建议大家还是先去皮肤科就诊，让医生开可以抑制炎症的处方药。

怎么都治不好的话，就去皮肤科就诊吧。

擦手巾也有讲究

　　缓解手部干燥的基本措施是涂护手霜。同时，还需要注意平时使用的擦手巾。擦过很多次的毛巾上会滋生很多细菌。使用这样的毛巾或有很多褶皱的毛巾，会让手变得粗糙。因此，如果感觉手很干燥，就请使用肤感舒服、干净的毛巾吧。

按摩头皮可以瘦脸吗

可以促进血液循环，但不会有瘦脸效果

　　很多人有一种错误认知，认为头皮和脸部皮肤是连在一起的，头皮硬的话，也会对脸部的皮肤产生负面影响，因此只要好好按摩头皮就可以了。实际上，头皮的硬度和脸部皮肤之间不存在因果关系。就算按摩头皮，也无法消除皮肤的松弛，瘦脸效果也不会太过明显。

　　头皮也是皮肤，由表皮层、真皮层和皮下组织3层构成。诞生的新细胞经过表皮更新，成为老旧角质脱落，这就是头皮屑。头皮会因为年龄增长、压力以及饮食生活的紊乱而变硬，按摩头皮可以促进血液循环。血液循环变好后，营养就可以顺利到达头皮，头皮中的水分量也会增加。这样一来，就能够孕育出健康的头发。因此，按摩头皮有助于生发和放松，却并不能牵拉脸部肌肉，达到消除脸部松弛的效果。

另外，由于头皮的皮脂腺数量是脸部T区的2倍之多，所以皮脂分泌非常旺盛。毛孔内的皮脂、污垢、没有冲洗干净的洗发水残余成分堆积在一起，很容易引发痘痘等炎症。洗头时，请将泡沫充分冲洗干净。但是，如果清洗过度，又会导致头皮干燥，因此，洗头时要掌握好度。不要用力揉搓头皮，而要将泡沫覆盖在有污垢的头发上，再冲洗干净。

另外，还需要注意紫外线。紫外线会晒伤头皮，导致脱发或头发稀疏。日晒强烈的时候，请戴好帽子，打好太阳伞，做好充足的防晒措施。

有些洗发水可能会导致头皮发炎、变红、起疹子。无法自愈时，请去皮肤科就诊。

嘴唇起皮、颈纹、脚后跟干裂，该怎么办

掌握每个部位的特征，再采取充分的防干燥措施

　　容易出现问题的嘴唇、颈部和足底等部位皮脂腺较少，容易受到紫外线的伤害。请根据各部位的特征，进行针对性的护理和预防。

▌嘴唇干燥起皮

　　嘴唇这个部位的皮脂腺非常少，且角质层很薄。因此，容易干燥和起皮。说话、吃东西、做表情等，日常生活中用嘴的地方非常多，这也是造成它容易起皮的一个原因。除此之外，这个部位还容易受紫外线、食品、护肤品等的刺激，以及身体变化的影响。当嘴唇起皮时，请不要去撕扯那层皮，否则会给嘴唇造成更大的伤害。我经常看到有人用舌头舔嘴唇，这种行为反而会让嘴唇变得更加干燥，请尽量不要这样做。

　　嘴唇上皮脂腺少，没有屏障功能，需要用润唇膏中的水分和油分来保护它。嘴唇在睡眠期间也会干燥，因此，我建议睡前涂一层润唇膏。

▌颈纹

　　造成皱纹的主要原因是年龄的增长和紫外线照射，但日常的习惯有时候也会造成皱纹。因伏案工作或看手机而一直低头、枕头的高度不合适、习惯性地只用某一侧的肩膀背包而导致颈部倾斜等，这些都是形成颈纹的原因。首先，请改正日常生活中的不良姿态和不良习惯吧。

　　针对颈纹的护理和防止脸部皱纹一样，需要采取充分的防紫外线措施，同时也要做好保湿护理。请使用防晒霜等产品阻挡紫外线，减少皮肤中弹性成分的流失。另外，在做脸部护理的同时，也要顺带着对颈部进行保湿护理。

保湿护理和防紫外线措施要做到颈部！

▌脚后跟干裂、起皮

　　脚后跟干裂是由变厚的角质造成的。脚后跟上皮脂腺较少，非常容易干燥。而且脚部会经常接触鞋子或袜子，产生的摩擦会导致角质变厚。

　　为了让老旧角质容易脱落，可以经常泡澡或做足浴。但是用浮石摩擦脚部反而会造成过度刺激，导致角质变得更厚，因此要轻柔地清洗。

美容院和医院的脱毛方法一样吗

如果想做永久性脱毛，请选择医疗机构

　　很多人以为医疗机构施行的脱毛和美容院施行的脱毛是一样的。但是脱毛本质上是一种医疗行为，因此，美容院和医院施行的脱毛方法是不同的。医疗机构会采用医疗激光脱毛，这种方式必须由持证人员来实施。而美容院一般会采用光子脱毛。

　　医疗激光脱毛是通过破坏位于毛根底端的毛母细胞，来达到不再新生毛发的目的。激光威力强，能完全破坏毛母细胞，因此脱毛效果卓越。美容院实施的光子脱毛是利用强脉冲光，使毛囊根部温度升高，伤害毛姆细胞，使之失去活性，达到抑制毛发生长的目的。

　　不过，不管是激光脱毛还是光子脱毛，都会给皮肤带来伤害，并伴有烧伤的危险，因此，脱毛后的护理尤为重要。美容院一般只会进行保湿护理，而医疗机构除了保湿护理外，如有需要还会开可以抑制炎症的药物。

因此，从安全性角度考虑的话，医疗机构脱毛更让人放心，我建议大家首选医疗机构脱毛。

医疗脱毛和美容脱毛的区别

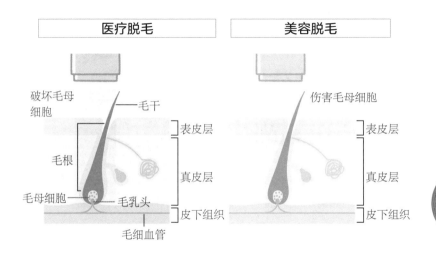

| 医疗脱毛 | 美容脱毛 |

破坏毛母细胞　毛干　表皮层
毛根　真皮层
毛母细胞　毛乳头　皮下组织
毛细血管

伤害毛母细胞　表皮层
真皮层
皮下组织

＼ 激光脱毛前需要注意的地方 ／

激光会对黑色的部分起反应，如果对晒伤的皮肤进行激光脱毛，很容易引起烧伤。因此，激光脱毛前，尽量不要让自己暴露在紫外线中，以免被晒伤。另外，皮肤受到刺激后容易干燥，因此，脱毛后请做好充分的保湿工作，防止皮肤变得干燥。

自己处理汗毛，有什么伤害小的方法吗

无论什么方法，都无法避免对皮肤造成伤害。脱毛后，请做好保湿工作

临近露出皮肤的季节时，我们会不自觉地在意手臂和腿上的汗毛。有人可能已经通过激光等方式做了永久性脱毛，但我想更多的人都会选择自己处理手臂和腿上的汗毛。自己处理的话，可以选择用剃刀等将其剃掉，或用镊子、蜡等拔掉。但是不管选择哪种方法，都会对皮肤造成伤害。

剃毛一般使用电动剃毛器或安全剃刀，操作简单。但是如果使用方法或发力方法有误，就会在皮肤上留下小伤口，给皮肤造成伤害。还可能会有细菌通过伤口侵入人体，因此，千万要小心。剃毛前，先把皮肤清洗干净，然

后涂上可以让皮肤变光滑的乳液，再顺着汗毛的方向，将汗毛剃掉。

用镊子拔毛，就相当于揪掉皮肤的一部分，因此，会对皮肤造成很大的伤害。还可能会有细菌从拔掉的地方侵入皮肤，引发皮肤问题。蜡对皮肤的伤害没有镊子大，但使用次数多了，也会给皮肤造成负担。拔完毛后，皮肤会看上去很干净。但毛母细胞还活着，最终还是会长出新的汗毛。

无论采用哪种方法，为了保护受伤的皮肤，处理完后都要用保湿霜进行保湿护理，防止皮肤干燥。

剃毛不会让毛色变深！

很多人都说剃完毛后，毛色会变深。这其实是错觉。用剃刀剃完毛后，就会露出毛的横截面，只是看上去好像变粗变深了而已，实际上毛质并没有发生变化。

重要的美容建议

吸烟会造成干燥和皱纹

　　吸烟，哪怕是加热式香烟，也会对皮肤造成负面影响。每抽一根烟，身体就会失去一天所需维生素C含量的一半，无法有效抑制会对皮肤造成伤害的活性氧，从而让皮肤变得粗糙。另外，香烟中的尼古丁具有收缩血管的作用，会导致血流停滞。血流停滞后，皮肤就无法顺利地进行表皮更新，导致老旧角质残留在皮肤上，造成皮肤暗沉和干燥。

　　曾经有一项研究，对比了一对拥有相同DNA的同卵双胞胎，双胞胎中一个吸烟，另一个不吸烟，结果发现吸烟的那个人皮肤明显暗沉，脸上还有很多色斑和皱纹。这就是所谓的"吸烟脸"。吸烟不仅有损健康，还是皮肤的敌人。为皮肤粗糙伤透脑筋的人，请先改掉吸烟的习惯吧。

吸二手烟也会对皮肤造成负面影响。因此，即便自己不抽烟，也不可以掉以轻心。

第 7 章

饮食、睡眠、运动……

生活习惯、肠道环境
会影响皮肤

想打造完美皮肤，除了使用护肤品从外部进行护理外，通过饮食、睡眠、运动等对身体内部进行护理也很重要。尤其是饮食，我们摄入的营养能直接影响皮肤。请趁此机会，检查一下自己的饮食习惯和生活方式吧。

为了美容，一定要一日三餐都吃吗

营养均衡很重要。
请根据生活节奏和身体
状况安排饮食

护肤很重要，但饮食更重要。因此，要想打造完美皮肤，必须注重饮食的营养均衡。

对于美容饮食而言，重要的不是吃什么、吃多少，而是营养是否均衡。皮肤所需的营养素除了糖类、蛋白质、脂肪、维生素和矿物质这五大营养素外，还有膳食纤维。

现代人严重缺乏维生素、矿物质以及膳食纤维。比如，在便利店购买鸡蛋三明治和饮料作为午饭。这种搭配虽然含有糖类、蛋白质和脂肪，却几乎没有维生素、矿物质和膳食纤维。

如果一直没有意识到这个问题，人体就容易缺失这些必需的营养素。因此，我们在用餐时，要多想想是否缺了什么。比如买了鸡蛋三明治之后，可以再加一份含有维生

五大营养素+膳食纤维

糖类

米饭、面包、薯类、
意大利面、乌冬面等

糖类是人体活动的能量来源，
具有调节肠道环境的作用。但
是摄入过多，会导致血糖值上
升，引发动脉硬化等疾病。

蛋白质

禽畜类、鱼类、鸡蛋、
豆腐等

蛋白质是血液、肌肉以及皮肤
最重要的成分。摄取不足，
会导致皮肤弹性减弱，加速
老化。

脂肪

色拉油、橄榄油等

脂肪是制造细胞、激素的材
料。完全不摄取的话，会导致
皮肤变得粗糙。

维生素

黄绿色蔬菜、水果等

维生素和糖类、蛋白质、脂肪
的代谢有关，具有保护皮肤、
促进胶原蛋白生成的作用。对
预防色斑、改善痘痘也有很好
的效果。

矿物质

海藻类、牡蛎、杏仁等

和维生素一样，矿物质和糖
类、蛋白质、脂肪的代谢有
关。其中钙、磷、镁是构成牙
齿、骨骼的主要物质。如果铁
摄取不足，则有可能引发贫
血，造成皮肤暗沉，还会形成
黑眼圈。

膳食纤维

菌菇类、纳豆、牛蒡等

膳食纤维可以促进肠道蠕动，
改善排便。还可以让人体稳定
地吸收糖类和脂肪。摄取不足
时，肠道环境会紊乱，导致便
秘和皮肤粗糙。

素和矿物质的海藻沙拉以及含有膳食纤维的菌菇汤。

另外，除了糖尿病患者需要遵循医嘱，将血糖值维持在固定数值，其他人没必要严格遵守一日三餐的规则。很多人都觉得早上是一天的开始，因此早饭必须吃。但如果不饿或晚餐吃得很晚，早上可以少吃，并补充充足水分。

重要的是，我们要根据自己的生活节奏和身体状况来安排饮食，并且保证自己每天都均衡地摄取了五大营养素和膳食纤维。

关于零食

人都会有想吃零食或甜品的时候，只要把握好摄入量，吃一点也没问题。但是，如果想摄取糖类，建议选择能同时补充维生素、矿物质或膳食纤维的食品。比如，当我想吃甜品时，会选择水果。水果除了含糖类外，还富含维生素和矿物质，可以很好地补充我们在正餐中可能摄入不足的营养素。

很多人觉得果汁和甜味饮料很健康。但实际上，它们的含糖量非常高，空腹饮用时，会导致血糖值急速上升。血糖值急速上升后，又会很快降下来，导致身体又想继续吃甜食，如此形成恶性循环。与其喝果汁，不如食用同等热量的豆沙馅儿点心。点心不仅不会导致血糖值过于急速地上升，还能让人有饱腹感。因此，请不要用甜味饮料代替零食。

▎推荐的零食

时令水果

时令水果不仅营养价值高，味道也好。能够充分摄取维生素和矿物质。

可可含量高的巧克力

巧克力的原料可可中含有多酚和维生素E，具有抗氧化作用。但最好选择可可含量为70%以上的巧克力。

蜂蜜

蜂蜜中含有维生素和矿物质，具有抗氧化作用；还有抗菌能力，可以用来预防感冒。蜂蜜的食用方法有很多，可以舀1茶匙，直接吃掉，也可以加入酸奶中等。

有助于美容的食材有哪些

建议食用
富含维生素、膳食纤维、
铁的食物

"有助于美容的食物有什么？"经常有人问我这个问题。有些食材中确实含有有益于皮肤的营养素。但只吃这些食材，皮肤并不会变好。饮食如果不均衡，我们摄取的营养素就无法在体内相互作用并发挥效果，甚至反而可能引发炎症。如果皮肤缺少必需的营养素，那么当它出现问题时，就无法顺利恢复，这也是造成色斑、暗沉等问题的原因之一。

有些营养素，如果不特意去吃相应的食材，则很难摄取。因此，积极地食用含有这类营养素的食材，不仅可以获得均衡的营养，还有助于美容。

下面，我就来介绍一些有助于美容的食材吧。

推荐的食材

羽衣甘蓝
羽衣甘蓝是青汁的原料。含有β-胡萝卜素、维生素、矿物质、膳食纤维等。

菠菜
富含铁。同时也富含钾，有助于促进新陈代谢。还可以预防水肿。

蓝莓
含有抗氧化物质花青素，可以促进皮肤的新陈代谢，也有助于缓解眼睛疲劳。还含有膳食纤维，可以缓解便秘。

坚果类
含有维生素E，可以促进血液循环，具有抗氧化作用。核桃中含有ω-3脂肪酸，其他坚果中含有ω-9脂肪酸。是很好的优质脂肪食物来源。

西蓝花
富含能够促进胶原蛋白生成的维生素C。除此之外，还含有具有抗氧化作用的维生素A原、维生素E，可以预防色斑和皱纹。

鲑鱼
含有具有强抗氧化作用的虾青素，可以抑制皮肤炎症。除此之外，还含有二十二碳六烯酸（DHA）、二十碳五烯酸（EPA）。

纳豆
纳豆中的纳豆激酶有很多好处。它可以净化血液、调节肠道菌群，增加皮肤中的水分含量，从而缓解便秘，防止皮肤粗糙。

我们是不是应该少摄取脂肪

脂肪不足也会引起干燥。请灵活摄取有益于身体的脂肪

人们对脂肪的印象大都不太好，认为它对身体无益。但脂肪有很多种类，其中也不乏有助于美容的优质脂肪。接下来，我先来讲解一下脂肪的种类。

脂肪分为在常温下呈固态的饱和脂肪酸和在常温下呈液态的不饱和脂肪酸2种。

饱和脂肪酸一般存在于乳制品、肉类等动物性脂肪中。可以在体内合成，摄取过多会导致动脉硬化和胆固醇值升高。

不饱和脂肪酸一般存在于色拉油、橄榄油等植物油中。有些不饱和脂肪酸无法在体内合成，需要有意识地从食物中摄取。

不饱和脂肪酸又可以分为3种，即 ω-3脂肪酸、ω-6

脂肪酸和ω-9脂肪酸。

ω-3脂肪酸主要包括白苏子油、亚麻籽油中富含的α-亚麻酸、青背鱼中富含的DHA和EPA。这种脂肪无法在体内合成，需要主动摄取。它有助于抑制过敏和身体炎症，也有助于维持皮肤的健康。ω-3脂肪酸加热后会被氧化，因此，最好通过食用青背鱼的生鱼片或将亚麻籽油拌在沙拉中来摄取。

ω-6脂肪酸主要存在于色拉油、芝麻油中。它无法在体内合成，且容易引发炎症。此外，很多食品都会使用含ω-6脂肪酸的油脂，我们可能会在不知不觉间摄入体内。但是摄入过多ω-6脂肪酸，皮肤可能会暗沉、发痒。因此，一定要均衡地摄取ω-3脂肪酸和ω-6脂肪酸。

第3种是ω-9脂肪酸，它主要存在于橄榄油中。橄榄油还富含维生素E和多酚，是有助于维持健康的"好油脂"。

我建议大家在做菜时将色拉油换成橄榄油，这样既能补充ω-9脂肪酸，还可以防止摄入过多的ω-6脂肪酸。

脂肪是维持皮肤滋润和屏障功能所必需的营养素。但有些种类的脂肪摄入过多后，会导致皮肤暗沉、瘙痒，因此，需要我们辨别种类，更灵活、均衡地摄取不同的油脂。

▌不饱和脂肪酸的种类

ω-3脂肪酸	亚麻籽油、白苏子油、紫苏籽油、青背鱼等
ω-6脂肪酸	色拉油、玉米油、芝麻油、大豆油等
ω-9脂肪酸	橄榄油、红花籽油、菜籽油等

备受瞩目的
亚麻荠籽油

亚麻荠籽油是从十字花科的亚麻荠中提取出来的油。其中含有的ω-3脂肪酸、ω-6脂肪酸、ω-9脂肪酸的比例为2:1:2，不易被氧化，可以加热。

喜欢甜食的人要小心糖化反应

　　人体摄取过多糖类后，血糖值会上升，容易引发糖尿病，也会对皮肤产生负面影响。体内多余的糖会和蛋白质结合，引发糖化反应。糖化反应会发生在我们身体的各个部位，抑制细胞活性，加速老化。随着糖的不断增加，体内会生成大量有害物质，最终形成晚期糖基化终末产物（AGEs）。AGEs一旦形成，就无法去除。它会储存在皮肤的主要成分胶原蛋白、弹性蛋白等蛋白质中，令皮肤失去弹性，引起皮肤暗沉和皱纹。

摄取过多糖类

↓

体内产生大量多余的糖

↓

多余的糖和蛋白质结合

↓

形成AGEs

↓

AGEs储存在皮肤的胶原纤维、弹性纤维中

↓

皮肤变得暗沉、松弛

↓

最终老化

第7章

减肥时，皮肤为什么容易变粗糙

因为缺乏膳食纤维和维生素，
皮肤中的水分减少

　　大家为了健康而控制体重和体型是好事，但总是在胖瘦之间反反复复却会对健康造成不良影响。减肥减得越快，反弹就越快。在短时间内暴瘦，皮肤会下垂、堆积，身材走样。而太胖的话，皮肤又会因为无法支撑脂肪而变得松弛。不管是哪一种，都会导致皮肤松弛。体重的大幅度变动不仅影响皮肤，也有损健康，必须要引起重视。

　　人们减肥时容易进入一个误区，就是过于注重体重，而忽略了均衡饮食。过度戒糖，会导致支撑身体活动的能量源减少。此时，身体就会试图用其他营养素来填补糖类的空缺，导致皮肤无法获得充足的营养，从而变得粗糙。另外，禽畜肉、鱼肉等蛋白质如果摄入不够，肌肉量就会减少，导致皮肤更加松弛。这时，即便瘦下来了，看上去也会显老。因此，减肥期间，也需要均衡地摄取五大营养素和膳食纤维，以及第230页介绍的优质脂肪。

多多食用红肉、青背鱼和豆腐等食物吧!

通过禽畜肉、鱼肉和豆制品，摄取各类蛋白质

为了减少脂肪和热量的摄入，你是不是会避开富含蛋白质的食材，总是食用低热量的鸡胸肉呢? 皮肤和头发都是由蛋白质构成的，蛋白质摄入不足会导致皮肤粗糙。另外，摄取的蛋白质种类单一，也会给皮肤和身体造成不好的影响。红肉中含有对皮肤非常重要的锌和铁。猪肉中富含有助于缓解疲劳的维生素B_1。鱼肉中则富含DHA、EPA等优质脂肪酸。

除此之外，含有植物性蛋白的豆制品具有很强的抗氧化作用，还能够促进脂肪燃烧。

因此，可以提前制订好一周的饮食计划，比如今天吃鱼，明天吃牛肉等，分散、均衡地摄取蛋白质吧!

第7章

必须在晚上10点到凌晨2点间
入睡才能美容吗

和时段没有关系，
重要的是保证优质的睡眠

人们以前把晚上10点到凌晨2点称为"灰姑娘时间"，认为在这一时段内入睡有助于美容。但是，对于生活方式和工作环境各不相同的现代人而言，有时这是不现实的。不在这个时段内入睡就无法美容了吗？如果有人担心这个，就请放心吧。最新研究表明，美容和睡觉时间并没有太大关系。对皮肤而言，重要的不是什么时候睡觉，而是能不能保证优质的睡眠。

睡觉期间，身体内部会对皮肤和脏器进行修复再生。这个过程不可以缺少生长激素。入眠后3小时内，也就是当人体处于深度睡眠时，生长激素的分泌量是最多的。生长激素会加速细胞分裂，生成新细胞，促进表皮更新。因此，为了打造完美的皮肤，应重视睡眠的质量，而非入睡的时间。

优质的睡眠离不开褪黑素这种激素的活动。

褪黑素具有调节生物钟的作用，是可以切换清醒和睡眠的开关。晚上犯困就是因为褪黑素在工作。血清素（5-羟色胺）是褪黑素的前驱物质。如果想在晚上分泌足以入睡的褪黑素，白天就必须分泌足量的血清素。血清素是大脑内的一种神经传递物质。人体照射到阳光后，就会分泌血清素。人体在白天的活动中分泌的血清素到了晚上就会生成大量的褪黑素，帮助人体获得优质的睡眠。

另外，睡前看手机或电脑屏幕，会让大脑持续陷入兴奋的状态，从而导致睡眠变浅。为了获得优质的睡眠，我建议大家睡前放松身心，为自己营造有利于睡眠的环境。

第7章

运动越多对皮肤越好吗

注意不要运动过量。在室外运动时，请做好充足的防紫外线措施

运动是保持皮肤状态不可或缺的因素。活动身体有助于改善血液运行，促进全身新陈代谢，减轻压力，从而提高睡眠质量，对皮肤产生积极影响。但是，要注意不能运动过量。

运动分为有氧运动和无氧运动。跑步、走路等属于有氧运动，可以促进体脂肪的燃烧。但是在室外做有氧运动时，不可避免地会照射到紫外线。如果不做好充分的防护，就会引起晒伤、色斑等皮肤问题。另外，运动过量会让体内产生大量活性氧，氧化细胞，因此，运动也要适度。在室外运动时一定要涂抹防晒霜，做好充足的防紫外线措施。瑜伽也属于有氧运动，室外紫外线过于强烈的时候，大家可以用瑜伽来代替跑步。

无氧运动是指力量训练等需要爆发力的运动，这种运动可以通过锻炼肌肉提高基础代谢，从而促进血液循环，让皮肤获得充足的营养。但是，极端进行大量无氧运动也可能导致免疫力下降，因此，一定要把握好运动量。

　　另外，拉伸运动也有助于放松身心，维持皮肤状态。请大家按照自己的生活节奏，有意识地活动身体吧。

出门走路或跑步时，不要忘了做好防紫外线措施！运动后，洗完脸，也要做好保湿工作！

运动的种类

有氧运动

跑步、走路、瑜伽等

无氧运动

力量训练等

\\ 想要了解更多！//

医疗美容知识

除了治疗皮肤问题外，还想消除皱纹、
让皮肤达到更美的状态。
如果有这样的需求，可以考虑医疗美容。
来看看医疗美容到底可以消除哪些皮肤问题吧。

皮肤科、美容皮肤科、美容外科的区别是什么？

现在，我们经常可以看到激光治疗、光疗等各类预防、护理皮肤问题的美容项目。那么，这些项目可以在哪里做？皮肤科、美容皮肤科、美容外科的区别是什么？这是个很难回答的问题，有些医院甚至还把皮肤科和美容皮肤科合并到了一起。因此，让我们先来了解一下它们各自的作用。

简单来讲，皮肤科是治疗皮肤病的地方。一般是通过开内服或外敷的处方药，来让问题皮肤恢复健康。

美容皮肤科则会在伤口或炎症痊愈之后，继续进行美容层面的治疗，以免留下疤痕。除此之外，也提供简单的美容项目。有些治疗不在医保范围内，就诊时需要提前了解清楚情况。

美容外科可以使用手术刀，做开眼角、隆鼻等外科手术。这是美容皮肤科不能进行的。有些项目术后需要很长的停工期来消肿消痛，且伴有一定的风险。因此，有这方面需求的朋友要事先做好调查，对比多家美容外科医院，研究透彻后再做决定。

美容皮肤科不仅可以治疗皮肤问题，还会制订各类方案来帮助你维持皮肤状态。这些方案可以配合我们自己的基础护肤一起实施。如果要去美容皮肤科，请事先通过官网确认能不能解决困扰自己的皮肤问题，治疗方法适不适用医保，有没有针对色斑等问题的专业部门等等。

接下来，我会根据皮肤的各个问题介绍相应的医美项目，给大家参考。

美容院和美容皮肤科的区别

美容院和美容皮肤科的主要区别在于能否进行医疗行为。在美容皮肤科，医生会为你提供妥善的治疗，以及能高效改善皮肤问题的医美项目。但美容院不能。你可以把美容院当成放松的场所，而不是改善皮肤问题的场所。

正规的超声刀、刷酸、激光脱毛只能在医疗机构进行。

医疗美容的常见项目

　　每个医疗机构提供的项目和费用都不同，请一定要事先充分沟通，直到自己能接受为止。并在医生指导下实施。

色斑

激光

放大某特定波长的光，将它对准色斑进行照射，然后通过产生的热灼烧患部，将其破坏。

光子嫩肤

用强脉冲光（IPL）照射全脸。比激光温和，光的波长可以覆盖较大的范围。可以有效解决色斑、皱纹、红血丝等多种皮肤问题。

维生素C离子导入

先在皮肤上涂抹维生素C衍生物，然后使用离子导入仪释放微弱的电流，将维生素C导入皮肤的真皮层。这种方法的维生素C渗透率是只涂抹的数十倍。色斑、毛孔、皱纹、松弛等各类问题都可以采用这个方法。

皱纹

玻尿酸注射

在想要祛除的皱纹处注入玻尿酸。皮肤会膨胀起来，让皱纹变得不明显。效果可以维持6~12个月。

肉毒毒素注射

将肉毒毒素注入皱纹，麻痹表情肌。可以改善表情纹。效果可以维持4~6个月。

关于医美项目，
如果有不明白或
感到不放心的地方，
请不要犹豫，随时
询问工作人员！

| 暗沉
毛孔
痘痘 | ## 化学焕肤
将含有乙醇酸、乳酸、苹果酸等水溶性的AHA
刷酸产品涂抹在皮肤上。暗沉、毛孔、痘痘等问
题可以采用这个方法。结束后需要进行充分的保
湿护理和防晒。 |

高强度聚焦超声（HIFU）治疗

HIFU，是High Intensity Focused Ultrasound的简
称。它不会伤害皮肤表面，可以直接到达位于皮下组
织下方的SMAS筋膜层。这里是皮肤松弛的源头，因
此，这个方法可以有效缓解皮肤松弛。

热玛吉

通过射频（RF）加热皮下组织，可以改善松弛和毛孔
粗大。也可以对眼周和嘴周进行重点部位护理。建议
想要改善皱纹和毛孔的人采用这个方法。

埋线提升

将可被人体吸收的特殊线植入皮肤，收紧皮下组织。
皮肤内的组织因为植入线而受损。当它自行修复时，
会生成胶原蛋白，从而缓解皮肤松弛。

拉皮手术

这个项目需要进行外科手术。为了提拉筋膜，需要切
除多余皮肤。一般会从耳根处不显眼的地方切开。

松
弛

结语

首先，感谢您读到最后。

我在这本书里介绍了关于护肤的各种基础知识，但总的来说，想要打造完美的皮肤，最重要的3件事是不晒伤、不干燥、不摩擦。

皮肤老化70%的原因是由晒伤引起的。晒伤会造成色斑、皱纹等各种皮肤问题。干燥和摩擦会降低皮肤的屏障功能，导致皮肤中的水分蒸发，皮肤变得粗糙，从而引起松弛、暗沉等问题。

这3件事看上去非常简单，但是就像本书介绍的那样，能做到的人却意外地少。因此，大家的皮肤看起来才总是不够饱满明亮。

总而言之，护肤时请牢记不晒伤、不干燥、不摩擦这个"三不原则"。然后根据自己的皮肤状态，选择合适的护肤品或改变护肤方法。

希望这本书能为你每天的护肤提供参考，帮你解决皮肤烦恼。为了10年后、20年后的皮肤依旧美丽，让我们一起努力吧！

内科、皮肤科医生
友利新

索引

快读·慢活®

《女子头发养护术》

头发是女性的"第二张脸"！

　　头发是女性的"第二张脸"，不管处于哪个年龄段，头发都是决定一个人气质的关键因素之一。

　　本书是为女性量身定制的头发护理指南，全方位讲解头皮养护方法、洗发水选择、正确梳头法、吹发染发技巧，脱发、发缝大、发量少等头发问题应对方案以及针对不同发质的减龄发型等内容。无论你是硬发质、细软发质、发量少还是白发多，都能在书中找到适合自己的最佳养发护发方案。快跟着美发协会会长、医学博士低成本精准养发护发，做精致的氛围感女孩！

快读·慢活®

《女子运动术》

维持肌肉是更高级的抗衰！

　　女性步入 30 岁之后，肌肉会以每年 1% 的速度持续减少，女性在生活中遇到的各种身心不适都与肌肉力量不足息息相关。因此，维持肌肉才是更高级的抗衰！

　　本书是美国运动医学会认定运动生理师写给女性的抗衰运动方案，详细介绍了不去健身房、不依赖器械、在家就能轻松实现的运动方法，在变瘦的同时，拥有紧致好身材。帮助女性培养运动习惯、解决运动量不足、增强肌肉力量，达成减脂增肌、美体塑形、调节身心状态的目标，并有效抗老！另有针对孕期、产后和更年期阶段的运动指导，全面解答运动过程中常见疑虑。扭转你的陈旧认知，不给女性运动设限，助你成为更好的自己！随书附赠图解 + 真人高清示范视频，一学就会！

快读·慢活®

《女子养生术》

写给当代女性的轻养生指南

　　头痛、失眠、便秘、痛经、不孕、皮肤干燥等各种烦恼。暖养自己，做健康美人！

　　本书从中医养生理论出发，结合营养学知识，帮助当代女性看懂身体的"求救"信号。通过调整日常饮食和改变生活习惯，针对性地调理40种常见身心不适症状，为女性提供简单、实操性强的调养方法。大家可以通过"观舌识健康""气血津液检查表""五脏检查表"等，了解自己的体质以及身体状况，从而全面认识自己的身体，不依赖药物地改善身心状态，增强自愈力！

快读・慢活®

从出生到少女，到女人，再到成为妈妈，养育下一代，女性在每一个重要时期都需要知识、勇气与独立思考的能力。

"快读・慢活®"致力于陪伴女性终身成长，帮助新一代中国女性成长为更好的自己。从生活到职场，从美容护肤、运动健康到育儿、家庭教育、婚姻等各个维度，为中国女性提供全方位的知识支持，让生活更有趣，让育儿更轻松，让家庭生活更美好。